贰阅 | 阅爱·阅美好

让阅读走心
让阅历丰盛

资深心理师育儿手记

（3~7岁）

胡慎之 ◎ 著

北京联合出版公司
Beijing United Publishing Co.,Ltd.

图书在版编目（CIP）数据

资深心理师育儿手记.3~7岁/胡慎之著.—北京：北京联合出版公司,2021.7
　ISBN 978-7-5596-5190-7

Ⅰ.①资…Ⅱ.①胡…Ⅲ.①婴幼儿心理学—通俗读物 Ⅳ.① B844.12-49

中国版本图书馆 CIP 数据核字（2021）第 059368 号

资深心理师育儿手记（3～7岁）

作　　者：胡慎之
出 品 人：赵红仕
选题策划：北京时代光华图书有限公司
责任编辑：夏应鹏
特约编辑：袁艺丹
封面设计：零创意文化

北京联合出版公司出版
（北京市西城区德外大街83号楼9层　100088）
北京时代光华图书有限公司发行
北京晨旭印刷厂印刷　　新华书店经销
字数173千字　880毫米×1230毫米　1/32　7.75印张
2021年7月第1版　2021年7月第1次印刷
ISBN 978-7-5596-5190-7
定价：56.00元

版权所有，侵权必究
未经许可，不得以任何方式复制或抄袭本书部分或全部内容
本书若有质量问题，请与本社图书销售中心联系调换。电话：010-82894445

目录

第一章 好父母,放手让孩子成长

1.1 父母要成全孩子 /003

1.2 有力量的父亲更容易给孩子建立规则 /009

1.3 能够控制并觉察自己的妈妈给孩子安全感 /015

1.4 父亲影响孩子一生的幸福 /021

第二章 好的亲子关系培养高价值感的孩子 (3~4岁)

2.1 豆子学吃饭
——内心强大的父母敢于让孩子尝试 /029

2.2 豆子有点怕
——孩子容易把父母吵架的原因归结在自己身上 /034

2.3 爸爸接小豆子放学
　　——兑现承诺远比承诺重要　/041

2.4 睡前小故事
　　——给孩子用心的互动陪伴　/047

第三章　尊重孩子的身心发展规律，才是亲子教育最好的方式　（4～5岁）

3.1 我喜欢亲妈妈
　　——适当分离有利于孩子建立性别认同　/057

3.2 幼儿园里的"死党"
　　——让孩子自己交朋友　/062

3.3 拉着爸爸去演讲
　　——孩子需要以爸爸为榜样　/068

3.4 洗澡引发的家庭战争
　　——过度的掌控不是爱　/073

3.5 帮外婆收拾碗筷
　　——给孩子独立自主的成长机会　/078

3.6 打碎了汤碗
　　——孩子做"坏事"是本能地探索不同事物　/083

3.7 我爱玩水，不爱洗澡
　　——父母适当放权，尊重孩子的自我意识　/088

3.8 学围棋
　　——接受孩子本来的样子　/096

3.9 不想成为钢琴家
　　——不要用孩子的能力满足父母的自恋　/102

3.10 去学轮滑啦
　　——父亲的参与让孩子在探索时更有安全感　/108

3.11 我很喜欢狗狗
　　——宠物带给孩子存在感和成就感　/112

第四章　为孩子建立与世界良好接触的桥梁　（5～6岁）

4.1 我想去游乐场
　　——帮助孩子顺利度过成长过渡期　/119

4.2 小朋友受伤了，我很害怕
　　——出现意外，首先要安抚孩子的情绪　/125

4.3 我把房间的墙刷成绿色了
　　——让孩子在家里获得充实的存在感　/128

4.4 和家人一起去旅行
　　——让孩子勇敢地面对未知　/132

4.5 骑车摔倒了，很痛
　　——鼓励和肯定让孩子更有力量　/137

4.6 有个女孩，是"青梅"
　　——如何更好地讲解性　/142

4.7 第一次独自飞行
　　——孩子需要作为独立的个体去经历风雨　/147

4.8 教爸爸玩游戏
　　——有序的竞争帮助孩子发展能力　/151

第五章　好父母给孩子爱与自由　（6～7岁）

5.1 语文考了87分
　　——权威，不是绝对的存在　/159

5.2 坏爸爸，我恨你
　　——惩罚孩子，父母意见要统一　/162

5.3 在学校里遇到了麻烦
　　——胆小怕事，不是善良，而是恐惧　/168

5.4 生病了，我想吃冰激凌
　　——不要让孩子为获益而生病　/174

5.5 老爸比我想象的还厉害
　　——陪伴是双向的　/180

5.6 重做手抄报
　　——孩子的世界里不能只有对与错　/185

5.7 我的房间是我的私人领地
　　——尊重边界，让孩子拥有自己的空间　/191

5.8 豆子打架，老爸也很郁闷
　　——如何做一位好父亲　/198

附录一　心理师爸爸给孩子的一封信
　　　　——孩子，愿你自由探索自己的价值　/203

附录二　关系优于教育　/209

第一章　好父母，放手让孩子成长

第一章 好父母，放手让孩子成长

1.1 父母要成全孩子

最好的关系

我的老家有一句俗语："若要好，老敬小。"意思是，长辈能很好地成全自己的孩子是对孩子真正的爱。

我的父母现在七十多岁了，他们对我说过最多的一句话是："我们现在没办法帮你太多，但我们努力让自己的身体保持健康，这样，你在外面工作的时候更安心些，也更省心些。"每当回想起父母说的这句话，我内心就充满了感动。我能感受到他们对我满满的爱意。

我一直认为，真正和睦的家庭是这样的：家人彼此相亲相爱，爸爸做爸爸的事，妈妈做妈妈的事，孩子做孩子的事，每个人的职能都非常完善。家庭的架构就像一栋房子的框架。如果父亲没有发挥父亲的职能，那房子的某一部分肯定是要坍塌的。

最好的家庭结构是三元的，即爸爸、妈妈和孩子。而**最好的家庭关系就是，爸爸是爸爸，妈妈是妈妈，孩子是孩子**。一旦家庭结构只有二元，如孩子和妈妈黏得很紧，爸爸被边缘化，或孩子夹在父母中间，根据要求，一会儿和爸爸亲近，一会儿和妈妈亲近，那么这种结构模式中的二元就基本上会呈对立的状态。失衡的关系中成长起来的孩子在日后的生活中，很难找到相对平衡的精神状态，总充满着深深的焦虑感。

许多孩子小的时候经常会被大人问一个问题："你和爸爸亲，还是和妈妈亲啊？"其实，对于孩子来说，爸爸妈妈都是和他最亲近的人，如果非要他选择其中一个，孩子的心中肯定对另一个充满愧疚。

让孩子成为他自己

成长在夫妻关系不和谐的家庭中的孩子，内心会有自卑感。原因很简单，夫妻关系失和后，孩子可能成为父母的"父母"，替代父母的职能。但孩子终究是孩子，事实上，孩子不可能做父母的"父母"。现实中的挫败也在告诉他"你做不到"。慢慢地，他会把无法拯救父母泛化为对很多事情无能为力，逐渐产生自卑感。尤其是现实中比较怯懦、对未来充满恐惧的父母会无意识地把自己的渴望投注在孩子身上，希望孩子帮他们完成他们自己做不到的事。

有位朋友这样夸奖我的孩子："你的孩子很厉害，学习、性格等各方面都很优秀，你一定为他们感到骄傲和自豪吧？以后你年纪大了，不怕没人给你养老了。"我很认真地回答他："我过得还不错，不需要靠自己的孩子，将来不管他们做什么样的选择，我都尊重他们、成全他们。"

我传递给孩子的信息是："你们想做什么，尽管去做，只要是做对社会、对他人、对自己有利的事,老爸一定无条件地支持你们,尽我所能给你们力量。"我的孩子不需要承担我的愿望,只要做好自己就可以。就像我前面说的,父亲是父亲,母亲是母亲,孩子是孩子的家庭结构是比较稳定的。有了孩子,才有"父""母"这两个称谓。

孩子在成长的过程中,需要学习很多东西。父母同样需要学习和成长。

建立爱的关系

作为两个孩子的父亲,我一直在学习如何成为一位好父亲。

我有一个优势——我是一位研究客体关系的心理学家。也许有些人会好奇,什么是客体关系?一句话概括就是人的内在和父母的关系模式。因为我们长大以后建立的所有关系模式都是我们内心和父母关系的一种投射。如果我们的内在觉得父母是爱我们的,在父母那里感到自己是值得被爱的,那么,我们以后对任何人就都会有相同的感觉。

父母和孩子建立什么样的关系模式才是比较好的呢?

要回答好这个问题,就需要提到我喜欢的一本书了。

我特别喜欢《小王子》这本书,相信很多人都听说过或看过它。虽然它看上去是一本儿童小说,但我认为里面阐释的内容值得每一个孩子的父母读一读。书中有段经典的对白。狐狸对小王子说:"请你驯养我。"小王子不知道什么是驯养,于是问了狐狸。狐狸说:"驯养就是建立关系。"

什么是关系呢?

我认为这里的"关系"一定指血缘关系、法律关系和一些客观存在的关系之外的，由内心的体验呈现出来的，看不见摸不着的关系。

关系中只有两种情感：一种是爱，另一种是恨。事实上，爱和恨都是和对方建立关系的方式。

人为什么要建立关系？因为人一出生就是孤独的，我们像小王子一样，只是蓝色星球上一个单独的个体。单独的个体有一种存在性的孤独，这种存在性的孤独迫使我们建立关系，让自己感受到陪伴，从而获得安全性体验。在关系中，我们需要体验各种各样的感觉。

关系的建立是很重要的。血缘关系可以经过DNA检验，其他关系也能检验，检验的标准就是我们在这段关系中体验到的感觉是什么。例如，你在马路上看到了一个陌生人，那个陌生人没做任何事情，但走到你面前时，你忽然感觉不太好，这时，怎样理解你和他之间的关系呢？可能这个人的形象以及散发出来的某种信息或气味特别像曾经给你带来不适感的人，他的出现把你的记忆激发出来。你和那个陌生人之间的关系就是内心关系的投射。

关系中的一切都是体验。父母和孩子之间的关系也是需要体验的。

父母在和孩子建立关系的过程中要明白两点：

第一，要有爱。一个孩子有没有独立自主的能力，长大后能不能做出一番属于自己的事业，能不能很好地应对未来生活中的困难和坎坷等，都取决于孩子是否拥有自由的能力。孩子自由的能力主要来自父母给孩子的爱。在没有爱的亲子关系中，孩子是很难学会自由的。

第一章　好父母，放手让孩子成长

第二，爱的感觉是成全。我们经常说，父母的爱是非常伟大的，其伟大之处就在于父母懂得成全孩子，放手让孩子成长。

可是，有些父母没有成全孩子，他们想把孩子变成自己想象中的样子。例如，父母希望孩子将来事业有成，孩子可能从小就开始为这个目标付出很多努力，却不知道自己真正想要的是什么。

拿我的个人经历来说，我是家族里的长子、长孙。在我还没出生之前，我的名字就已经定好了。我在父母和所有家族成员的期待中降生，他们对我的期待通过各种方式被我接收到。

有的父母在孩子还没有出生的时候，就期待孩子是男孩，如果出生的是个女孩，父母或其他家庭成员无意识中对孩子出生的失望就会通过各种方式传递出去。慢慢地，孩子会觉得自己没有价值。她会用很多方式证明自己不是家庭的累赘，如听妈妈的话或为家庭做很多贡献。只有这样，她才感觉自己在这个家庭里有存在感和价值。

这就意味着，有时候，父母可能会把孩子当成工具，让其去完成、满足自己的心愿，不成全孩子的成长。

父亲好不好的检验标准是孩子的感觉

父母和孩子的关系不仅仅靠血缘连接。家庭的三元关系中需要有爱的自由流动，身处关系中的我们都需要体会到这种流动。

你是不是好爸爸、好妈妈，你说了不算，孩子在关系中的感觉才是衡量标准。如果孩子体验到的感觉很好，那么你就是一位好爸爸或好妈妈；如果孩子在关系中的体验是糟糕的，但你觉得自己做得很好，那么你的好也称不上是真的好。也就是说，认定你是否是好爸爸、好妈妈的权利不在你自己这里，在孩子那里。

一般情况下，孩子认定的好爸爸、好妈妈都能给予孩子足够的情感支持和自由，满足他们需要的成长要素。在他们的不同成长时期，父母会调整自己的教育方式，来适应孩子的成长需要。

孩子在每个成长阶段所需的父母职能是不一样的。 在孩子成长的不同阶段，父母要给予孩子的东西也是不一样的。父母不仅要关注自己的养育方式，更要关注孩子的感受。

第一章　好父母，放手让孩子成长

1.2　有力量的父亲更容易给孩子建立规则

因家庭变故，我的大儿子龙龙从4岁开始由我一个人带大。

很多人都觉得我这个爸爸特别细心，给孩子买鞋子，买袜子，做饭，洗洗刷刷，等等。很多时候，我除了是爸爸，还要具备妈妈的职能。一个人兼具两个人的角色和职能一定是辛苦的。我发现，因为在这样的环境下成长起来，我的儿子有一些特别有趣的特质。

他是一个情感非常细腻的孩子，这种细腻体现在他对待身边的人的方式上。我们之间发生过很多令人难忘的互动。他8岁时，我工作特别辛苦，有一天晚上哄他睡觉时，他闭上眼睛，我和他聊天。我谈到工作上的辛苦时，有一些伤感，此时他体现出一种非常强的共情能力，拍拍我的肩膀，说："爸爸，没事儿的。"

那一刻，我心里真的很暖，很感动。感谢上天给了我这么好的儿子，我愿意一直陪伴他成长。

有人说，在孩子成长的过程中，父亲一定要和孩子一起做30件事情，例如，和孩子一起做个手工凳子，和孩子一起在沙滩上奔跑，等等。这些看似不那么重要的事情，其实那样有趣和温馨，能让孩子充分地享受父爱，感受父亲的存在。

父亲角色的缺失

然而,在很多孩子的成长过程中,父亲是缺席的。某位知名人士在一次访问中谈到过对孩子的愧疚。有一天,他去接儿子放学,开车到儿子小学门口等了半天都没接到儿子,他打电话问妻子,妻子说:"儿子已经上初中了。"

父亲对儿子的愧疚也是对自己的责怪,因为他们明白自己没有尽到父亲的责任。

有一次,我在机场候机厅听到旁边三位男士谈论自家孩子。其中一位说道:"儿子放寒假,我答应带他坐飞机去北京。儿子听了高兴得很,说这实现了他两个心愿——一是坐飞机,二是第一次去北京,而且是和爸爸一起。"那位父亲说的时候情绪激动,有点儿哽咽:"我没想到9岁的儿子会这样开心,这让我意识到我陪儿子的时间太少,心里很愧疚。"其他两位若有所思地点头说:"是啊,我们也觉得,和孩子在一起的时间太少了。"他们忽然都不说话了,仿佛在沉思着什么。爸爸们很想爱自己的孩子,但又常常不能陪在孩子身边。

机场中总会有很多玩具店。总有脚步匆匆的男士停下来为孩子选玩具,他们是想弥补一些缺憾吧。可是,父爱要通过"愧疚—补偿与愤怒—原谅"这样的模式表现吗?难道爱得深沉的父亲沉默寡言地给孩子一个忙碌的背影就是父爱的正解吗?

很显然,我们错了。我们这样理解父爱,只是想让孩子理解父亲,不想让孩子因为在缺失父爱中成长,体会到虚空而抱怨。

有多少孩子曾看到父亲离去的背影怅然若失？在当代，"父爱是无言的"这种观念似乎很难具有说服力。

父爱是有条件的

心理学家弗洛姆曾说过："母爱的体验是一种消极的体验。"意思是，孩子什么都不用做，就可以赢得母亲的爱。因为母亲的爱是无条件的。

但父爱与母爱不同，父亲的爱是有条件的。父爱的原则是"我爱你，因为你符合我的要求"。

曾有一位年轻人面带困惑地来找我，对我说："胡老师，在我小时候，我爸爸很忙，经常不在家，有时候我一两个月都见不到他，他回来的时候，总会记得给我带份礼物。但是，只要我犯一些小错误，他就会勃然大怒，把我痛扁一顿。为什么我的爸爸会忽然对我很愤怒呢？难道他不爱我吗？"

我告诉他："你父亲是爱你的，所以他不在你身边的时候会心生愧疚，但同时他也对你有所期待。他期待你能帮助他解决他的愧疚，方法就是：我不在，孩子也成长得很好，和我想象的一样。"

给父亲教育孩子的权利

父亲给予孩子力量也会让母亲的焦虑感减少，让她感到安稳。在一个健康和谐的家庭里，夫妻关系是第一位的。

然而，有的妈妈会对自己的丈夫说："帮我带下孩子。"这句话隐含的意思是：孩子是我自己一个人的。这样的妈妈把养育孩子当成了自己的责任和义务，她们的丈夫被排斥在她们和孩子的关系之外了。

妈妈在和孩子的互动中能体验到存在的价值，是因为她们感觉到自己被重要的人看见了。如果孩子对妈妈说"妈妈，我长大后能给你一切"，而从来没有男人对妈妈这样说过，那么她肯定特别欣慰，会和孩子更密不可分。但在一个家庭中，爸爸、妈妈和孩子的角色不能互相替代。如果有一天，孩子想和他爸爸一起玩的时候，转头问妈妈："妈妈，我可不可以跟爸爸玩？"妈妈就要注意了，这说明你需要给爸爸更多参与家庭教育的机会。很多时候，不是爸爸不愿意参与养育孩子的过程，而是妈妈把爸爸赶走了。当然，也不排除有些爸爸会主动让出对孩子的教育权。

有力量的父亲更容易给孩子建立规则

实际上，作为一名父亲，让孩子参与到自己的生命中是一种不错的体验。

有一次，我去电视台录制节目时，带上了豆子。那时，他才6岁。快上台的时候，我告诉他："你坐在台下看，爸爸在上面工作。"并且向他交代好其他的注意事项。录制开始前特别调皮的豆子在录制期间很安静，一直在我的视线范围内。录制结束的时候，豆子对我说："老爸，你好厉害，比我想象的还厉害。"这让我感动了许久。我问："你以后想成为什么样的人呢？"豆子说："我也要像爸爸那样厉害。"

爸爸不断提高自己的能力，才能给予孩子更好的价值体验。当孩子在内心深处把爸爸当成强者看时，规训的前提也就形成了。

较弱的爸爸想规训孩子、给孩子建立规则时，孩子可能会说："你自己都这么弱，还来要求我。"这样的话是很多爸爸难以接受的，会让他们产生一种强烈的挫折感。有的爸爸可能会因此恼羞成怒。

要知道，一个有力量的父亲很容易给孩子建立较好的规则感，这意味着他的孩子在社会上与他人相处时更能遵循规则。

◇ 父亲陪孩子体验家庭之外的空间

妈妈带给孩子安全的体验，把孩子从妈妈身边带离后，爸爸必须带孩子去另一个生存空间，即家庭之外的空间。爸爸要带孩子去探索、去冒险，去看看外面的世界，去学习几项新技能，这些本身就是非常好的陪伴和支持。

有一次，我带豆子去游泳池玩，看到有位妈妈带着她8岁的女儿。女孩学游泳已经3年了。这位妈妈对我说，教练在的时候，女孩游得很不错；教练不在、只有她在的时候，女孩即使身上绑满了漂浮物，也不敢游。她鼓励女孩，说："去游啊。"女孩却说："我不会，我害怕。"她把女孩拉到自己身边，说："没事儿的，你游，妈妈在身边。"几次三番，女孩还是不敢离开妈妈。我在旁边看不下去了，就对女孩说："叔叔在旁边，你看你能不能不戴那些漂浮物，游起来。"我为了证明自己能保证女孩的安全，还在女孩面前表演了几个跳水动作。

虽然女孩还是有点害怕，但因为身边有较好的安全保障，也就放心地去游了。在那一刻,我扮演的是女孩爸爸的角色,一个能保证孩子安全的爸爸,一个强有力的、能支撑她的爸爸。在爸爸面前,孩子更愿意探索新事物。

◇ **父亲给孩子树立价值观**

作为父亲,该如何帮孩子树立价值观呢?价值观是抽象的,只有在实践中才能具体化,而实践的方式就是陪伴。

一起去郊外爬山、一起游泳、一起散步的亲子时光是最能让人感到幸福快乐的。同样地,在这些活动过程中,孩子也能从爸爸身上学到坚强、独立、勇敢、负责任、敢于冒险和挑战等好品质。如果爸爸特别热爱生活,对很多事物都非常感兴趣,时常带孩子到处走走,探索新奇的东西,始终保持对新事物的好奇心,孩子就会慢慢地在爸爸的影响下变成特别有趣、好奇心旺盛、乐于尝试的人。如果爸爸是一个沉默、没有任何情趣的人,那么,孩子也很难成为有情趣的人。爸爸的陪伴是无价的教育,这不是在否定妈妈教育的重要性,而是在说爸爸的教育可以弥补不足。

爸爸的陪伴不是奢侈品,而是非卖品,不是用钱可以买到的。爸爸能够系统全面地帮助孩子认识世界,在孩子还没有自己的判断标准时,爸爸可以给孩子传递正确的价值观,这对孩子日后形成健全的人格有着积极的重要影响。

1.3 能够控制并觉察自己的妈妈给孩子安全感

妈妈与安全感

在家庭关系中,妈妈的主要职能是哺乳、养育和依恋。前两个职能很好理解。妈妈的依恋职能指什么?指妈妈能够给孩子安全感。

很多人没有安全感的原因主要是和妈妈的依恋关系出现了问题。经常听到一些女生说:"我找男朋友一定要找能给我带来安全感的。"安全感的缺失不仅仅是因为爸爸不陪伴,也与妈妈的疏忽有关。以下两种情况都可能造成孩子缺乏安全感。

情况一,妈妈忽略了孩子。有时这种忽略不是故意的。例如,孩子饿了,哇哇大哭,妈妈很焦虑,马上去冲奶粉。但在冲奶粉的过程中,妈妈太认真了,以至于忽略了对孩子哭声的回应。其实面对同样的情况时,有些妈妈就做得很好,她们会边冲奶粉边回应孩子的需要,对孩子说:"妈妈在旁边给你冲奶粉,马上就好了,宝宝喝了奶就不会饿了……"孩子听到妈妈的声音,就不会感到害怕了。

情况二,妈妈有情绪了,并一直专注在自己的情绪里。在这种情况下,孩子的第一感觉是缺乏安全感,因为妈妈没有很好地回应他,没有看到他的需要。

有些妈妈甚至不让孩子哭,因为孩子的哭泣让她们感到焦虑。为了自己不焦虑,她们不准孩子哭,孩子只好不再用哭来表达需求。这样,孩子在最初的亲子关系里扮演了妈妈的角色。孩子成了"妈妈",妈妈反而成了需要照顾的孩子。这种情况一般容易出现在焦虑的妈妈和自恋的妈妈身上。

合格的妈妈不该过度承担

焦虑、自恋的妈妈习惯于过度承担,无法真正觉察自己:一方面,她们需要通过这种方式来证明自己的价值;另一方面,她们不想让孩子离开自己,因为"我为你做了那么多,你离开我,我很痛苦"。

所以,焦虑、自恋的妈妈留住孩子的常见方法就是削弱孩子自理、处理人际关系等各方面的能力。实际上,过度承担就是溺爱。溺爱的成分不都是爱,妈妈溺爱孩子的目的是满足自己的自恋和掌控感,孩子真正的需求却被忽略了。合格的妈妈不应该是这样的。

一个六七岁的孩子按常理早已经学会吃饭了。可是,焦虑、自恋的妈妈总认为孩子年龄小,要喂饭给孩子吃。孩子说:"不要妈妈喂,我自己吃。"妈妈却说:"不行,你吃饭吃得一塌糊涂,你根本就不会。妈妈喂你吃。"

这段对话里传递出来的信息是妈妈"越权"了,过度承担了孩子本该自己做的事。这样的妈妈会让孩子感受到妈妈总是在否定他。

有这样一个故事。一个班的物理成绩超级好。一次物理课上,物理老师早早讲完了试卷,还剩下半节课的时间。物理老师用剩下的时间把下节课的化学试卷认真地分析了一遍。上化学课的时候,化学老师走进教室,同学们说:"物理老师已经把化学试卷讲完了。"化学老师非常生气。

化学老师为什么愤怒?讲解化学试卷本来是化学老师的权利,结果被物理老师剥夺了,这让化学老师觉得自己一无是处。

家庭教育也是如此。孩子需要学习很多能力,包括穿衣、吃饭、控制情绪等。孩子在尝试的过程中,难免会遇到小小的挫折,让他们慢慢地学会自我照顾,许多能力才能得到发展。

心理学家科胡特曾说过,一个足够好的妈妈能够给孩子恰到好处的挫折感。

什么是"恰到好处"?即让孩子体会到挫折感,但挫折感不会大到孩子无法承受。恰好的挫折感促使孩子成长。

例如,孩子摔倒了,哭得撕心裂肺。

一种妈妈能理解孩子为什么哭,给予孩子情绪上的安抚和鼓励,对孩子说:"宝宝,你看看自己能不能站起来?"孩子站起来后,妈妈还会再稍微安抚一下孩子的情绪。

另一种妈妈则抱怨:"你看你,怎么这么笨,裤子都摔破了,老给我添乱,下次再这样,我就不要你了。"

你赞同哪一种妈妈的做法呢?

想必大家的答案都是第一种吧。第一种妈妈的做法不是冷漠的,这样的妈妈遵循孩子成长的规律,并且能做到共情。

"共情"是一个很复杂的词,解释起来有点难度,我用一个例子来描述吧。

一位来访者发现自己演讲时特别紧张、焦虑,浑身冒汗,脸发热,觉得自己很没用。我没有直接安慰他,而是对他说:"有时候我也会遇到这种情况,也会在演讲的时候浑身冒汗、紧张。"他愣愣地看了我好一会儿,说:"老胡,你是一个非常懂我的人。"我没有夸张地安慰他,而是说出了自己的感受。那一刻,他感觉到了我能够共情他的体会。

如果一位妈妈想共情孩子的体会,当孩子摔倒了,摔得很疼时,妈妈就应该把孩子抱在怀里,说:"宝贝,你一定摔得很疼吧?妈妈也摔倒过,知道特别疼。"妈妈的这种言行举止就是在共情。

妈妈如何表达自己的情绪

妈妈不是圣人,也会有自己的情绪反应,那么她在孩子面前可不可以表达自己的情绪呢?应该如何表达呢?

◇ 真诚地向孩子表达自己的情绪

有的妈妈认为,自己悲伤的情绪不能被孩子看到,孩子看到妈妈的情绪肯定会产生压力。于是,妈妈们决定忍住、撑住,哪怕再

第一章 好父母,放手让孩子成长

苦再累也不在孩子面前表达自己的情绪。实际上,妈妈们不用这么辛苦,完全可以表达自己的情绪。表达情绪不代表无能。千万不要做虚伪、不真诚的妈妈。

有一些来访者曾对我说过:"幼年时,我经常需要猜测妈妈的情绪。她明明很生气,但还是告诉我她没事。我问她是不是很难过,她说没有。"实际上,孩子已经完全能体会到妈妈的难过,此时妈妈的否认会让孩子对自己的判断产生怀疑:"难道我的判断是错的,是有问题的?"

有的父母可能以为,会察言观色是情商高的表现。大家误会了,察言观色是对人有防备的状态。所以,如果你的孩子善于察言观色,可能身为爸爸或妈妈的你就要省视一下自己:"我呈现给孩子的到底是一个什么样的自己?"

◇ 妈妈要看到自己情绪背后的感受

妈妈和孩子之间的联系是非常紧密的,孩子的很多行为都容易引发妈妈的情绪。

在孩子受欺负回到家后,一些妈妈没有表现出对孩子的共情,反而选择用愤怒的方式质问、批评孩子。这是为什么?因为在孩子受到不公正的待遇时,她们没有能力保护孩子,所以内心充满沮丧和愧疚。但是这种感受是无法表达出来的,于是她们采用了愤怒的方式。孩子的内心会很困惑:"妈妈为什么在我受委屈时如此愤怒,还对我打骂?"

资深心理师育儿手记（3～7岁）

当妈妈遇到类似的事情，情绪有特别大的起伏时，尽量不要冲动。俗话说，冲动是魔鬼。妈妈虽然要真诚地表达自己的情绪，但不要用直接离开孩子或以冷暴力等方式对待孩子。表达自己的情绪要把握一定的尺度。很多妈妈在做出冲动行为后会感到内疚，与其过后内疚，不如在行动之前控制并觉察自己。

第一章 好父母,放手让孩子成长

1.4 父亲影响孩子一生的幸福

2017年6月18日是父亲节。当天,小儿子豆子给我发了一个红包,大儿子龙龙给我打电话,祝我"父亲节快乐"。我心里特别温暖。

因为我感受到了情感上的连接和牵挂,感觉自己父亲的角色被孩子们看到了,而且我还能体会到我在他们心里地位很高、分量很重。做父母的人肯定懂我内心的这份感动。

父亲是儿子的榜样

有些妈妈问:"我家的孩子为什么没有男子汉气概?是不是因为他不认同爸爸?"确实如此。男孩在成长过程中,一定会寻找一个学习和模仿的榜样。对男孩来说,最好的榜样是爸爸,爸爸的特点是什么,他就自然而然地认同这些特点。男孩认同的目的是为了超越爸爸。俗话说,"虎父无犬子",这是有道理的。

但有些父亲根本不需要超越,例如在妈妈眼里或话语中很懦弱的父亲。如果父亲在孩子心里是一个懦弱的人,在孩子需要的时候没有给予孩子支撑或陪伴,甚至没有保护孩子,那么在关键时刻,孩子就会认为,父亲不能保护家人和自己。这是父亲护佑职能缺失造成的。一旦父亲的护佑职能缺失,他就没办法扮演好"父亲"这个角色了。一个不被我们认可的人所传递给我们的价值观基本不可能被我们接受,对孩子来说也是如此。父亲缺乏护佑职能,孩子就很可能会比较自卑。

父亲影响着女儿一生的幸福与自我认同

曾有人说:"爸爸嫌弃女儿,女儿就可能成为一生都不被待见的人,除非她们自我觉察或自我成长。"

不被爸爸喜欢的女孩会隐藏自己的女性特征,打扮得更偏中性,不愿意相信男性,却想被大家喜欢。当有人想靠近她们时,她们就会躲,会蜷缩回特别脆弱的小女孩的状态里,甚至会毁掉自己的生活。

换句话说,女孩是在用毁掉自己人生的方式来认同爸爸。

我的一位女性朋友前不久刚离婚,她离婚的主要原因是她在面对丈夫时心里充满了矛盾。一方面,她很享受保护软弱的丈夫的感觉;另一方面,她又憎恨他软弱,不敢和别人竞争。她被老实、不求上进、没有生活情趣的丈夫吸引,却又嫌弃丈夫。

后来,我们聊到了她的家庭,她想起了几个重要的细节。她妈妈是一个脾气比较暴躁的人,对身边的一切都不太满意。小时候,她妈妈对她非常严厉,对她的要求也很高。在她的记忆里,妈妈一直在抱怨爸爸,觉得没办法依靠爸爸,心情常常很糟。当她妈妈在

第一章 好父母，放手让孩子成长

外面遇到一些事情时，爸爸没办法安抚，所以妈妈经常把怨气和怒气撒在她身上。她希望爸爸能阻止一下妈妈，保护幼小的她。可是，他没有。她恨爸爸的软弱无能。

她和前夫在同一个单位工作。在他们还不熟悉时，看到这个男人在单位受委屈、被欺负的样子，她就忍不住想冲上去保护他、爱护他。后来，两个人走到了一起，她并没有意识到自己爱上了一个和爸爸很相似的男人，她后来的婚姻生活也复制了她父母的样子。

父亲会在很大程度上影响女儿对未来配偶的选择以及未来的婚姻状态，也影响着女儿一生的幸福与自我认同。

做一个有力量的父亲

那要做一个什么样的父亲呢？什么样的父亲才是好父亲？答案是三个字：有！力！量！那么，父亲需要有什么样的力量呢？

◇ 护佑的力量

很多孩子成长到三四岁后特别喜欢和爸爸一起玩。有一位同事曾对我说，她小时候觉得自己的爸爸是无所不能的。当她发现别的小朋友有好玩的东西，却不给她玩时，她的第一反应是说："我爸会给我买。"说话时，她的脸上会呈现出自豪和满足的神情，表明"我是一个被父爱满足的女孩"。这样的爸爸就是有护佑力量的。

◇ 支持的力量

我的两个儿子在我的支持下可以自由地发展自己的能力。

我教豆子学游泳时,他对自己不太有信心,游个二三十米就会回到我身边,我告诉他:"爸爸在你身边,我陪你一起游。"然后,我陪他游了两三百米。他做到了他曾认为自己做不到的事,就会对自己有一种非常强烈的认同感,对游泳也更有信心了。从那以后,他就可以一个人游得更远了。有时,他会非常自豪地对其他小朋友说:"我可以游两百米。"

◇ 规训的力量

我们更愿意接受一些权威人士说的话。如果某个人不能让我们佩服,我们可能就不会重视他说的话。所以,父亲只有更好地发展自己的能力,才能给予孩子更好的价值体验。当孩子在内心深处把父亲当成一位强者时,孩子就能信服父亲的规训。

一个有力量的父亲很容易给孩子建立较好的规则感,规则感的建立意味着孩子更能遵循社会规则。

◇ 节制的力量

女孩到了青春期,开始性成熟,对爸爸产生好奇。有节制力量的爸爸懂得面对,并和女儿保持既有边界又亲近的关系,这能让女儿学会如何正确地和异性相处。

具备了这些力量的父亲才是真正完整的、有力量的父亲。父亲对孩子的影响非常大,孩子能学会正确地与他人相处,更得益于父

第一章 好父母,放手让孩子成长

亲价值观的传递,这种价值观里包含着如何应对冲突,如何保护自己,如何在有序的竞争中得到自己需要的资源,这些都是孩子可以从父亲身上学到的。女孩寻找伴侣时会无意识地被性格和父亲相似的男性吸引;而男孩会首先以父亲为标准,然后慢慢地超越父亲。如果一位父亲的内心是强大的,他的孩子一定会很幸福。

第二章　好的亲子关系培养高价值感的孩子
（3～4岁）

第二章　好的亲子关系培养高价值感的孩子
（3～4岁）

2.1　豆子学吃饭
——内心强大的父母敢于让孩子尝试

小豆子故事场景　／　3岁

> 我有一套特别可爱的小碗和儿童汤勺，每次吃饭的时候，我都会拿着它们坐在餐桌旁的儿童椅上，但我还不是很会用勺子，每次都会把衣服和地板上弄得全是饭粒，小碗也经常被打翻。每到这样的时候，外婆就会数落我。不过没关系，我会继续加油的！

让孩子自己吃饭

豆子两岁多的时候，我就开始有意识地培养他独立完成一些事情。

吃饭的时候，我会把他放在儿童椅上，给他一碗饭和一把儿童汤勺。大人围着餐桌吃饭，他也坐在餐桌旁，这样他就有一种参与感。两岁多的孩子还没有很好地掌握吃饭技能，所以每次吃饭的时候，他都把饭弄得满地都是，粘到身上，有时碗也会被他打翻。

看到孩子这样的表现，有些父母可能觉得麻烦，尤其是对有洁癖、生活有条理、想掌控一切的人来说这是无法承受的。

豆子把饭吃得满地都是时，外婆就开始数落他："你怎么把饭吃成了这样子，浪费粮食又浪费时间，我还得打扫、收拾……"其实，她表达的是内心的焦虑，但她忽略了一点：两岁多的孩子还没有完全掌握吃饭的技能，把饭吃得一团糟是非常合理且符合自然发展规律的。

在这种关键时刻，我一定会坚持。如果我放弃了坚持，小豆子以后就可能不再会体验自主完成事情的乐趣。我顶着压力，小豆子后来学会了自己吃饭。有多少照料者能坚持这样对待自己的孩子呢？

经常看到这样的场景：妈妈、爸爸、外婆或奶奶追着给五六岁的孩子喂饭。这是孩子在和照料者玩游戏，他在表达自己的一种不满："为什么我不可以决定自己吃还是不吃？"

吃饭是人的本能，再小的婴儿也能感到自己肚子饿了，会寻找食物填饱肚子。他们虽然没有觅食的能力，但他们会通过发出信号——哭，来获取食物。

很多父母怕孩子吃不饱，事实上，如今的大多数孩子不会吃不饱。不需要过多担心，孩子有承受饿的能力，而我们需要做的是让孩子拥有满足自己的能力。培育孩子具备这种能力，先从让孩子学会自己吃饭开始。

控制 ≠ 保护

我听说过：一位身高1.4米以上、符合乘坐过山车限制要求的未成年人趁父母不注意，偷偷坐上了过山车，其父母发现后十分担心，

第二章 好的亲子关系培养高价值感的孩子
（3~4岁）

来到控制台，强烈要求工作人员停止设备运行。最后，过山车停在了高架轨道上，工作人员登上轨道，疏散了车上的全体游客。

在这样的故事中，我们能看到一对控制欲非常强的父母。他们控制的不仅是自己的孩子，还包括周遭的一切。在养儿育女的过程中，很多人就如逼停过山车的那对父母一样，过度保护或溺爱孩子。然而，父母对孩子的这种保护并不是源自孩子的需求，而是出于父母自己的意愿。

我猜想，孩子之所以要偷偷地上过山车，没有选择和父母商量，很可能是因为孩子心里非常清楚，父母一定会严词反对自己这个合理的请求。

在受强烈控制的家庭环境里成长起来的孩子很少有创造性思维，因为他们自主的权利在幼年时就被父母剥夺了。孩子长大后会变得特别讲道理，却很不快乐。

我曾在微博上做过一个关于父母最伤人的话语的调查。

很多网友在评论区的留言让我深感痛心，我把这些留言归纳了一下，找到了它们的共性：孩子的某些行为没有父母想象中的好，于是父母歇斯底里地在暴怒中用语言攻击孩子，他们在情绪激动时口不择言，那些话语给孩子造成了很严重的影响，有些孩子变得特别自卑，他们认同了父母的话，认为自己"不够好、不够正确、很糟糕……"。

有些父母的内心充满不安，对周围的一切充满了恐惧感，因此他们通过强烈的控制让孩子服从。孩子一旦有一些自主的表现，就会扰乱父母的情绪。为了不失去对孩子的控制，他们会用打骂的手段让孩子在自己的控制范围内,遵从自己的意愿。

父母需要强烈掌控感的时候,就没办法给予孩子尝试的机会,孩子也就无法完成自己人生中需要学习和完成的功课。

没有"背叛",就没有尝试

有一种所谓的爱的表达方式让很多人承受不了,即"为你好"。其实,真正的爱不会给人带来烦扰。

生活中我们经常听到有些中年父母不厌其烦地叮嘱自己已经上大学的孩子:"你要穿秋裤,要按时吃饭。"假设他们在心里承认了孩子有照顾自己的能力,那么,是不是可以腾出时间、精力去做其他事情?可惜的是,很多父母,尤其是妈妈在生活中没有发现其他值得自己关注和体验的事情,所以只能把大部分心思花在自己孩子身上。

妈妈对孩子的叮嘱是伟大母爱的体现,也非常能展现妈妈的价值感。似乎很多人都能认同这一点,但估计许多人无法接受一个概念——成熟即"背叛"。所谓的"背叛",是指孩子从被控制的关系中走出来。

如果不"背叛",不尝试,那孩子就可能会走向另一端——封闭自己,对外界所发生的一切都不感兴趣。

很多父母对我说,自己的孩子不太愿意交朋友,沉迷于网络游戏,对很多事情都不感兴趣,家人安排什么,他们就做什么,即使他们不愿意,也不会说出来,依旧会服从家人的安排。孩子在做别人要求的事情时,总是心不甘情不愿的,常常拖延。

孩子之所以这样，就是因为他们做的事情并不是真正想做的事情，而且他们可能连自己想做什么也不知道，只能做被要求做的事情，没有尝试新事物的愿望。

多给孩子尝试的机会

什么样的父母是内心强大的父母？我认为，敢于给予孩子尝试机会的父母都是内心强大的父母。

我在孩子的成长过程中经常鼓励他们："要不，我们试试，看看有什么结果。"没试之前，他们会认为一些事很困难；当他们真正尝试之后，会发现得到了非常好的体验。所以后来他们对我说得更多的是："老爸，我想去试试，怎么样？"我会支持他们："OK，没问题，试试吧。"

生命就是一个不断试错的过程。当有些人经历过挣扎、犹豫，鼓足勇气打电话向我咨询的时候，他们的生命就开始了截然不同的体验。

作为父母，请多给孩子一些尝试的机会吧！

父母不是孩子的掌控者，也不完全是教导者，在相对安全的环境中，父母应该给予孩子体会不同事物的机会。这样，孩子才有机会成为独立自主的、有创造力的、对世界充满好奇而非心怀恐惧的人。孩子内心充满诸多恐惧时，就会变成不愿意尝试的人，也会丧失独立的能力。

2.2 豆子有点怕
——孩子容易把父母吵架的原因归结在自己身上

小豆子故事场景 / 3岁

> 我有点怕。
> 爸爸妈妈吵架了,说话声音很大,我在客厅玩儿时听见了。我跑进去把爸爸的手和妈妈的手放在了一起,因为爸爸和我说过,小手拉大手,我们是一家人。我不希望他们吵架,爸爸妈妈都很好,所以我对爸爸妈妈说:"不要吵架,我们是一家人。"后来爸爸妈妈把事情处理好了,他们一起拉着我的小手,陪我玩,我好开心呀!

父母吵架,孩子在想什么

吵架是在所难免的事,豆子3岁时,我和豆妈有过一次激烈的争吵,这在我们的婚姻中是比较少见的。

之所以在这里讨论夫妻间吵架的问题,是因为那一次吵架吓到豆子了。

第二章 好的亲子关系培养高价值感的孩子
（3～4岁）

由于我和豆妈出生的地域不同，我们的生活习惯也有些差别。豆妈是四川人，我出生在江南一带，我们的饮食习惯很不同，豆妈的口味以麻辣为主，我的口味以清淡为主。豆妈很少做饭，基本上是豆子外婆做饭。对于饭菜口味的问题，我有一些自己的看法，但豆妈认为我是在否定她妈妈的厨艺，感觉她们母女受了委屈。作为女儿，她要维护自己的妈妈，这是情理之中的事。当然，积压在她心里的其他委屈也在那一次一起爆发出来，于是我们争吵了。

当时，我们在卧室里争吵，豆子在客厅听到了，他非常紧张地跑过来。我们看到豆子，知道这种争吵会影响孩子，情绪缓和了些，但都不说话。这时，豆子做了很多小孩都会做的一个动作，他跑过来，拉着我和豆妈的手，把两只手放在一起，说了一句："不要吵架，我们是一家人。"他的声音带着恐惧。当他这样表达时，我们心生愧疚，赶忙蹲下去安抚他。

豆子是一个明事理的孩子，可能会在心里把我们吵架的责任归结在自己身上。于是我们安抚他说："爸爸妈妈吵架不是因为豆子，而是爸爸妈妈有些事情要处理，但是我们处理得不是很好，就吵起来了。我们没控制住自己的情绪，所以说话很大声，不过这些和豆子没有关系。"我们之所以和豆子强调吵架和他没有关系，是因为很多时候孩子弄不清楚父母为什么要吵架，他们的第一反应是：是不是自己做错了什么才让父母吵架了，然后把责任归到自己身上。

豆子之所以把我们的手放在一起，是因为只有我跟豆妈和好了，他的恐惧感才会消失。相亲相爱、彼此妥协是家庭健康发展的一种状态。所以，豆子在那一瞬间的举动，让身为爸爸的我有些羞愧。

我和豆妈通过沟通达成共识后，我和豆子进行了一次交流。我问他:"爸爸妈妈吵架的时候,豆子有什么感觉?"豆子表示不希望爸妈吵架,甚至对我说:"妈妈很好,不要吵架,豆子有点害怕。"

我曾经接触过这样一个案例。

一个女孩跟我讲,她4岁多的时候看见了父母吵架,甚至肢体冲突,她特别害怕,尝试着让父母停止争吵。但是,那时父母都在自己的情绪中,对她不管不顾,她觉得所有人都不要她了,十分恐慌,缩在角落里哭。在多次目睹了父母争吵后,她逐渐丧失了对父母和家庭的信任,也失去了安全感。

有一次,妈妈来接她放学,她的第一反应是问妈妈有没有和爸爸吵架,确定父母没有吵架后,她才放松些。父母长期争吵导致她形成了冷漠的性格:"后来,我看他们吵架就像看电影一样,冷眼旁观。"冷漠是一种与情绪隔离的状态。父母吵架的时候,她在旁边做自己的事情,当他们不存在,一直和自己的玩具玩,但是心里对父母充满恨意。

成年以后,她很害怕争吵,她的男朋友一旦把声音拔高,她就会瑟瑟发抖,心里非常委屈,也非常害怕,第一反应就是想逃跑。因此,她和两任男朋友都分开了。一旦别人和她争吵,她就马上切断和对方的关系。她向我求助,问我:"为什么我没办法和别人建立亲密关系?"其实就是因为她父母的争吵给她带来了负面影响。和男友争吵后,她会反省是不是自己做错了什么。因为从小没有人向她澄清父母吵架和她无关,所以她陷入争吵后总是把责任归结在自己身上。

因为没有能力介入父母的争吵,她常产生强烈的自责感和愧疚感。她渴望父母不再吵架,但父母和好后,她心里又会产生一些怨恨,

第二章 好的亲子关系培养高价值感的孩子
（3～4岁）

所以她和父母的关系很疏远。其实，她的内心深处一直有一个愿望：通过自己的努力，让父母停止争吵。但对她来说，这个愿望是无法实现的，这给她带来深深的挫败感。父母对她不管不顾的态度让她对自己的价值产生了怀疑。因此，成年后面对争吵时，她不仅觉得是自己错了，而且感到害怕，想要逃开。

很多时候，我们在陷入自己的情绪中时容易和别人吵架，原因有以下三个方面。

一是越自以为是的人，越容易和别人产生冲突。因为当他们不被认同的时候，他们会非常害怕，他们需要在争吵的过程中，争论出对错。夫妻间吵架也是想要对方承认"你是对的，我是错的"。

二是想要表达许多压抑在心里的情绪。很多人平时很少表达自己的感受，一直忍耐，忍到极点时，就会和周围的人爆发一次激烈的争吵，严重时还会和周围的人产生肢体冲突，原因就是他们压抑情绪很久了，需要把委屈化为愤怒表达出来。

三是某些人在表达某个观点时被否定了，就会防御或者自保，把正常交流变成一种激烈的冲突和争吵。

当我们的一些诉求没有得到对方的回应时，就会陷入愤怒的状态里。愤怒的背后是我们希望对方看到我们的诉求。并不是所有夫妻都会采用成熟、健康的沟通模式，大部分夫妻都是一方成熟，一方不成熟，或者两方都不成熟，争吵也就在所难免。

如何不让争吵伤害孩子

既然争吵对孩子有影响,夫妻双方又无法避免争吵,就减少争吵对孩子的伤害吧。那么如何不让争吵伤害到孩子呢?

第一,不当着孩子的面吵架是一种较好的方式。即使不当着孩子的面,吵架时也不要对对方过于怨恨、鄙视、抗拒、冷漠,其实这些态度比言语更伤人。

当孩子意识到父母之间有冲突的时候,如果他亲近一方,就会对另一方有愧疚感,会害怕另一方忽略或者不要自己了,所以孩子夹在中间容易两难。久而久之,孩子会变得很圆滑,在爸爸面前表现出一种样子,在妈妈面前表现出另一种样子,这是孩子在冲突的氛围中获得的一种生存策略,即变得不真诚。

第二,如果父母没有控制住情绪,在孩子面前吵架了,要在事后让孩子明白吵架与他无关,是父母自己的问题。夫妻吵架时不应该把孩子拉入"战场",一些夫妻吵架时习惯拿孩子说事,这会让孩子认为是自己的错误造成父母吵架的。父母争吵后,可以开一次家庭会谈。以一个仪式性的结束营造一种宽松、和谐、彼此尊重的氛围,让孩子感受到:争吵总会回归平静。吵架在所难免,生活就是如此。

让孩子了解这一点后,孩子会获得一些安全感。否则,恐慌就可能会萦绕他一生。紧张的家庭氛围会使孩子失去对父母的信任。案例中的那个女生回家之前就先问父母吵架了没有,或者回到家的第一个动作就是看父母脸上的表情。

吵架由仪式来结束,可以让家庭里每个成员体会暴风雨后的平静,这个仪式可以是一家人坐在一起,平和地表达意见,让这件事

第二章 好的亲子关系培养高价值感的孩子（3～4岁）

情过去。

如何与孩子谈论离婚这件事

为了孩子，有些父母不吵架，但也没有任何沟通，这种做法给孩子的伤害可能比吵架更大。同样，某些夫妻为了孩子选择不离婚也会给孩子带去严重的负面影响。

离婚并不可怕，可怕的是婚姻无法继续却为了孩子而不离婚，这会给孩子带去沉重的负担，这样的负担来源于父母没有做好自己的事情而把恶果强加给孩子。有些妈妈会直接对孩子说："我之所以不和你爸爸离婚就是因为你。"这样一来，孩子一方面会同情自己的妈妈，另一方面会对自己的父亲产生怨恨。

如果婚姻走到了尽头，应如何与孩子讨论这件事？父母应掌握以下三个要点。

第一，离婚和孩子无关，一定向孩子讲清楚这一点。孩子当然会受很大的影响，不过向孩子讲清这一点会让孩子受到的负面影响少些，最起码孩子在了解这一点后，无须承担父母该承担的责任，也无须照顾父母的情绪。

第二，离婚以后，即使某一方再婚有了新的家庭，父母也依旧需要发挥父母的职能，陪伴孩子成长，给予孩子教育和指导。这样，孩子需要自己的父母时，不会有任何顾虑。

第三，既然离婚了，不管你对他/她有多少期待和怨恨，他/她都是另外一个人了，不要待在情绪里，怨恨另一方。

让孩子觉得自己有不错的父母对孩子的成长是十分重要的。如果他觉得自己的父母不好，或者父母中的一位不好，他会特别自卑。离婚虽然会给孩子带来一些影响，但是单亲家庭也能让孩子健康成长，即使一方离开了，只要父母的职能还是完整的，对孩子来说就什么都不缺。比起两个人不断地争吵，指责、厌恶对方，分开可能对孩子的影响更小，会让孩子活得更轻松。

2.3 爸爸接小豆子放学
——兑现承诺远比承诺重要

小豆子故事场景 / **3岁9个月**

> 爸爸来接我了,我好开心。爸爸很少来接我,因为他工作很忙。每次放学后看到爸爸出现时,我都会笑嘻嘻地朝他飞奔过去,拉着他的手把他介绍给我的老师和同学:"这是我爸爸,我爸爸来接我了。"在回家的路上,爸爸会和我进行一些有趣的对话,他还会把我扛在肩上玩举高高的游戏。你们玩过举高高的游戏吗?这是我和爸爸最爱玩的一个游戏:爸爸把我抱起来抛到空中,然后再接住我,再向上抛……

考察幼儿园

豆子到上幼儿园的年纪时,我和豆妈考察了许多幼儿园。给孩子选择什么样的幼儿园,取决于每对父母的期待和要求,大家的标准可能都不太一样。

有些父母希望孩子能在幼儿园里学到更多的知识和规矩,有些父母希望幼儿园能给孩子提供宽松的学习氛围,还有一些父母最看重的是幼儿园小朋友的家庭背景。

　　我和豆妈跑了许多幼儿园，在多家幼儿园中进行选择确实是件让人头疼且纠结的事情。最后，我们给豆子选择的是一家公立幼儿园，离家较近，步行十几分钟就可以接他上下学了。之所以选择这家，是因为我们一方面希望豆子能在幼儿园里交到一些要好的朋友，发展属于自己的人际关系；另一方面希望他享受童年的快乐，在游戏和玩耍中学习到一些技能。关于豆子对技能的学习，我们除了寄希望于幼儿园老师外，也会在日常生活中教他很多，例如，如何安全过马路，如何礼貌地向别人问好，如何与别人一起愉快地玩游戏。

豆子为什么更喜欢爸爸接他

　　我因为工作忙，很少去接豆子放学，这也是现在许多家庭都会出现的状况。对于这种情况，相信很多爸爸也很无奈。

　　豆子外婆接豆子回家时，豆子并不是很愉快，因为外婆接豆子回家的目的性很强，就是尽快把豆子带回家。如果豆子在回家的路上因为对一些事物好奇耽误了时间，外婆就会制止他。在外婆眼里，外面车多人多，充满危险。很多家长也是这样想的，在他们心中，家是一个比较安全的地方，尽快回家是保证孩子安全的一种方式。

　　3岁多的孩子对很多东西都充满好奇，他并不理解外婆的担心。因此，豆子有时候会有一些小小的不开心。由于外婆对他来说太重要了，这种不开心不会持续太长时间。等回到家，他就被其他事情吸引住，暂时将不开心抛到脑后。但这些小小的情绪在他心里没有被疏散，他会继续憋在心里或者向豆妈表达。

第二章　好的亲子关系培养高价值感的孩子
（3～4岁）

豆妈去接豆子时，对待豆子的方式和豆子外婆不太一样，她会让豆子分享一些对幼儿园的感受，例如，在幼儿园遇到了什么事情，有没有特别好玩的事。当豆子开口说话的时候，豆妈会耐心地倾听并发表看法，两个人聊得很开心。放学时间是母子沟通交流的亲密时光。豆子很愿意和妈妈分享这一切，妈妈接他回家对他来说是一件愉快的事。

但豆子更渴望我接他放学。平时我的工作相对较忙，偶尔能抽出时间接他放学。对此，豆子很期待。他甚至会开心地对老师说："今天爸爸来接我放学。"

这种期待是有原因的，因为豆子和我一起回家时会处于比较放松的状态中。在保证他安全的前提下，他的很多行为都是被允许的。例如，下完雨，路上有个水坑，他穿着鞋子在水坑里踩几脚，是被允许的。有时，我还会和他讨论一些过马路的技巧，和他分享某辆车的车型、牌子。

我还会尝试和他一起做一些很有趣的事情。例如，豆子眯着小眼睛扑向我的时候，我会蹲下来抱他。有时候，他会故意猛地冲过来把我推倒在地，然后笑得特别开心。我出差回来，豆子会和豆妈一起到机场或车站接我。看到我从出口出来的瞬间，他会眉开眼笑，咧着嘴，冲向我，大力地把我扑倒在地，哈哈大笑。除此之外，他还特别希望能和我有肢体接触，他喜欢被我举高高，要是我把他扛在脖子上面，他会非常开心。这些都是父子之间的亲密时光，我和豆子都非常享受。

在从幼儿园回家的这段路上，豆子想要实践一些小小的突发奇想时，我都会允许。小区里有一个儿童游乐区，有时豆子会在那儿逗留很长时间，攀爬、荡秋千，我会很耐心地陪着他，也会告诉他只能玩多长时间，时间到了，我们就要回家。路上经过的商店门口有投币的摇摇车，很多孩子喜欢坐在摇摇车里一边听音乐一边摇晃，十分享受。这种摇摇车对许多孩子很有吸引力，对豆子也不例外。每次带他路过时，我都会和他提前约定好摇几次，摇完就走。在这个过程中，我们遵守着彼此的承诺，保持我们之间的相互信任，豆子慢慢地学会了遵守这一规则。

孩子难以谅解爸爸不守承诺

孩子非常渴望自主，在他们没办法自己完成一些事情时，会有一种强烈的挫败感，所以他们会借父母的手完成，进而对父母产生强烈的依赖感。

妈妈对孩子有一种天然的责任，因此当双方的意愿发生冲突时，妈妈会制止孩子的某些行为。面对制止，孩子会从妈妈的表情里判断出哪些行为会惹妈妈生气，而惹妈妈生气对他们来说是一种威胁，他们害怕妈妈会因为生气而不喜欢他们或者离开。所以，孩子一方面可能会讨好妈妈，另一方面会不断挑衅妈妈，其实他们只是想得到无条件的爱以满足自己。

但爸爸对孩子的爱是有条件的，所以爸爸会在一开始就与孩子建立一种有趣的连接。当爸爸和孩子在一起表现出特别享受的样子，或者和孩子有肢体上的接触时，孩子能够从爸爸的行为中感受到自己被爸爸爱着。在这样的过程中，爸爸可以和孩子建立规则，如约定相互之间需要履行的承诺。

第二章 好的亲子关系培养高价值感的孩子
（3～4岁）

孩子更容易谅解妈妈承诺过却没有做到的事情，因为妈妈和孩子有更多的时间相处。孩子对妈妈较深的依赖感让他们更容易原谅和体谅妈妈。但是如果爸爸做不到承诺过的事，孩子会很容易动摇对爸爸的信任。

我想到了我小时候的三件事情。

上小学时，我的家在村里，学校在镇上，从家到学校需要走20分钟左右。有一天我没带伞，但是放学时下雨了，很多家长都来给自己的孩子送雨伞或雨衣，我也特别渴望爸爸妈妈能来接我。但这种期待落空了，他们并没有出现。最后我顶着雨跑回了家。

淋雨回家后，我虽然没有感冒，但心里总有一种酸酸的感觉，我怀疑爸爸妈妈不爱我。

还有一次，爸爸说放学后会带我去吃好吃的，但是放学后我在学校等了很久，爸爸都没有出现。最后妈妈把我接了回去，一路上，我一句话都没说，妈妈感受到我的失落，不停地解释："你爸爸因为其他事情耽搁了，所以没有来。"虽然我很想理解，但是这种理解是有限的，那一刻，我对爸爸非常失望。

给我印象最深的一件事情是爸爸带我去城里的儿童乐园玩，在玩的过程中，他要出去办一些事情，就把我拜托给儿童乐园的一名门卫照看。那是我第一次从乡下到城里，对很多东西都不太懂，有几个孩子嘲笑我、挑衅我，甚至动手欺负我。当时，我很害怕，同时对爸爸感到非常恼怒，但是我不敢表达，因为爸爸太严厉了，所以我非常委屈。他在离开之前告诉过我他走多长时间就会回来，但是他并没有兑现诺言。从那以后，我和爸爸之间产生了难以消除的芥蒂。

兑现承诺比做出承诺重要

不管父母有怎样的理由，对孩子承诺的事情都要努力做到。

父母总认为孩子能够理解自己的苦衷，但其实，父母不经意间没有兑现的承诺会让孩子产生很大的失落感和委屈感。孩子在面对父母时很难表达出这种失落和委屈，即使表达出来也会被父母当作小题大做。许多父母认为："不过是晚了几分钟（一两次），平时都是按时接你的，你怎么就这样子了？"但是孩子难以理解，从第一次失落开始，他对于别人的信任感就会慢慢降低。

我在工作的过程中遇到过很多类似案例。有些咨询者因为幼年时父母的疏忽或者不遵守承诺，而在成年后不信任其他人，难以和其他人建立良好的亲密关系。

有些爸爸因为太忙了，可能根本没空接孩子放学。但他们一旦承诺接孩子放学了，并且在孩子的期待中兑现承诺了，孩子就会有一种强烈的满足感，会非常愉快。

每次我接豆子的时候，他都是非常开心的，而且在"言传不如身教"的过程中，我可以通过一些行为方式，慢慢地教给他一些规则，让他更好地学习一些技能。

2.4 睡前小故事
——给孩子用心的互动陪伴

小豆子故事场景 / 3岁10个月

爸爸有时不在家,妈妈说爸爸因为要赚钱养家所以经常出差。虽然爸爸不能总陪在我身边,但睡觉前,爸爸都会用手机视频给我讲故事。

他用手机,我用平板电脑。爸爸给我讲完故事后,会向我道晚安,我也会对他说晚安。我觉得爸爸一直在我身边陪着我,从来没有离开过。

不在豆子身边,怎么陪伴他呢

相信有责任心的父亲都既想给孩子提供一定的物质条件,又想多多参与孩子的成长。但是,不在孩子身边,怎么陪伴孩子呢?

有段时间,我频繁出差,曾经有过一年坐两百多次飞机的记录,而那年也恰好是豆子成长的关键时期——3~4岁。我不在豆子身边,豆子的饮食起居都由豆妈和豆子的外公外婆照顾。在我小的时候,爸爸妈妈经常忙于工作,疏忽了对我的陪伴,我不能让自己的经历在豆子身上重演。再加上我深谙儿童心理知识，知道陪伴的重要性。因此，只要一有时间，我就会用各种方式陪伴豆子，让他知道我一直想着他、念着他、关心着他。

其中最有效的陪伴方式是，无论我在哪儿出差，都创造条件给豆子讲睡前故事。现在的通信技术发达，除了可以在电话中听孩子的声音，还能在网络视频中见到孩子，与孩子互动。其实，视频聊天工具是工作忙碌的爸爸陪伴孩子的便捷工具之一。豆子每天睡觉前，豆妈都会给他讲睡前故事。如果我在家，我会争着给豆子讲故事，然后和豆子互道晚安，再关灯让豆子睡觉。我之所以这样积极地给豆子讲睡前故事，是因为内心渴望能陪他久一点。

我每次出差前都会准备两本同样的儿童故事书，把一本塞进行李箱，另一本给豆子。每晚，我都赶在豆子睡觉前处理好工作，然后用20分钟左右给豆子讲睡前故事。相信每天给孩子20分钟的陪伴，对于大多数工作忙碌的父亲来说，应该不是太难的事情。除了睡前，我在其他时间也会用手机和豆子视频聊天，有时聊我出差的见闻，有时聊他幼儿园里的事情。在我和豆子视频聊天的过程中，豆妈有时会适时退出豆子的房间，让我和豆子有单独相处的时间。我告诉豆子："任何时候想和爸爸通电话，就给爸爸打电话，爸爸看到了一定会接。但如果爸爸没接，就说明爸爸在忙，爸爸忙完了一定会给你回电话的。"所以，豆子内心确信我无论走到哪里都一直牵挂着他，陪伴着他。

也许有人说，这样做多麻烦，你不觉得累吗？

说实话，对作为父亲的我来说，这是一件非常享受的事情。我没有把这当成责任、义务或不得不完成的事情，我更多时候把这种

第二章 好的亲子关系培养高价值感的孩子
（3～4岁）

陪伴当成一件值得全身心投入的幸福的事。

我的一位朋友很爱他的女儿，但也为没有时间陪伴女儿而自责。他说："我工作太忙了，订单没停过，所以很少有时间能陪女儿，幸好我妻子是全职妈妈，所以我对孩子的学习、生活等各方面都不用太操心。我偶尔辅导女儿学习都会闹出笑话，也不知道如何跟女儿玩。妻子老说'你就别添乱了，孩子我带，你忙自己的事情去吧'，这让我觉得自己很失败。虽然我和孩子在同一个屋檐下，但有时我一两个星期都和孩子说不上一句话。我下班回到家，孩子已经睡着了。早上我睡醒时，孩子已经出门了。我郁闷、懊恼、对女儿感到愧疚。"

之前我写过一篇文章《爸爸，再不陪我，我就长大了》，文中写道，父亲有护佑和养育的职能，这代表父亲有责任为家人创造好的物质条件，满足孩子成长的需求，如带孩子参加夏令营、旅行等。看到自己赚的钱能给家人带来快乐和满足，真的是一件很有成就感的事情，但不愿忘记，抽出一些时间，给孩子用心的陪伴。

妈妈，请相信爸爸也可以带好孩子

爸爸的陪伴和妈妈的陪伴是不一样的。妈妈从怀胎起到生产后一直陪伴着孩子。无论妈妈的陪伴质量怎么样，相比爸爸来说，妈妈陪伴孩子的时间是绝对充足的。所以，在这种情况下，爸爸更应该主动地陪伴孩子。

然而，现在部分妈妈抱怨自己的丈夫带孩子会出现各种问题，似乎只有妈妈才有带孩子的职能。其实，很多时候不是她们的丈夫带不好孩子，而是他们被妈妈的否定、批评、责怪赶跑了。再往深处追究，很多妈妈在无意识中不愿意让自己的孩子和丈夫亲近，尤其在和丈夫存有隔阂、感情不是很好的情况下。如果孩子这时候和爸爸亲近，妈妈就会感到失落、妒忌、不情愿，甚至有种被背叛的感觉。

在做家庭访谈的过程中，有一位妈妈非常坦诚地表达了自己的真实想法。

因工作原因，她去外地出差3天，只能让丈夫照顾女儿。在那之前，女儿一直由她自己带。出差前，她事无巨细地把该交代的事情都交代了，但依旧担心丈夫带不好女儿，担心女儿会受委屈、不适应，根本不相信丈夫能带好女儿。结果，她再回到家时，发现家里没有乱成一团，女儿也没有哭闹、委屈，反而和丈夫相处得很愉悦，他们的关系也更亲近了。那时，她并不兴奋，而是产生了深深的失落感和妒忌丈夫的感觉。

在育儿的过程中，很多妈妈一旦对丈夫不满，就可能在无意识中想独占孩子，不让丈夫带孩子，也不愿意让丈夫陪伴孩子。这样的做法不仅会让孩子和爸爸的关系疏远，更会影响孩子的健康成长。

对此，妈妈要学会放手，而爸爸要想着怎样更多且高质量地陪伴孩子。

第二章　好的亲子关系培养高价值感的孩子
（3～4岁）

不要"任务式陪伴"

在孩子的成长过程中，父母的陪伴是非常重要的。如果父母不认同这一点，那么在陪伴的过程中就很可能会三心二意，以完成任务的心态陪伴孩子。

一位来访者曾跟我谈起他童年的经历。

小时候，他经常见不到爸爸的身影，因为爸爸太忙了。每当看到爸爸回家，他就特别开心，要么帮爸爸拿鞋子，要么给爸爸拿毛巾。爸爸看到他做这些也特别开心，有时会摸摸他的头，微笑着表示赞许。看到爸爸开心，他也觉得自己做得很棒，觉得自己对爸爸来说是一个有价值的人。但当爸爸回家后表情不太对时，他就会猜测爸爸到底怎么了，为什么不开心。他想关心爸爸，但爸爸有时会不耐烦地说："到旁边去玩儿，爸爸有工作要忙"，把他推得远远的，这让他很受伤。

也许，他爸爸在想工作的事情，不想被打扰。但孩子总会把爸爸的不开心和表情中的嫌弃归咎于自己，对自我的评价就变成了"没有人需要我，我是一个累赘，别人都很讨厌我"。

他妈妈总希望他爸爸能多陪陪他。但即使他爸爸带他出去，心思也根本不在他身上，经常接打电话。有一次，他玩得很投入，回过头找爸爸时，爸爸已经不见了。幸好好心人把他带到了派出所。在警察的帮助下，他安全地回到了家。那次的迷路经历给他造成了很大的心理创伤，成年后他仍然特别害怕迷路，每次发现走的路不对或开车不记得路时，都会立刻感觉到特别恐慌。他一恐慌就给家人打电话，指责家人说不清楚路线，让他迷路。他走的永远是熟悉的道路，错过了很多风景，当然，他也不敢尝试其他新鲜事物。

如何做到高质量的"互动相伴"

当孩子专注于一些事情时，如在沙坑里挖沙、堆城堡，在公园里观察昆虫、树叶时，父母不需要过多地关注和打扰，只需在不远处保证孩子在一个安全的范围内探索属于自己的世界就可以了。

孩子不需要"任务式陪伴"，而是需要用心的、高质量的"互动相伴"。那么，如何做到用心的、高质量的"互动相伴"呢？

首先，关注孩子的情绪。

例如，孩子放学或参加完活动回来，第一个想法就是和最亲近的人分享他的感受和经历。这时候，父母不妨放下手上正在做的事情，全身心地倾听孩子的分享，或主动询问一下孩子的感受。

其次，接纳和认同孩子的感受。

当孩子有表达的欲望时，父母没有必要马上提建议或做评判，只需给予孩子积极的回应和充分表达的空间，包容孩子的快乐、悲伤和焦虑。

再次，做到积极回应。

积极回应不代表要无条件满足。例如，孩子要一杯水，父母可以告诉他：你有两个选择，自己倒或者爸爸妈妈帮你倒。

最后，支持和理解孩子。

大千世界中有各种各样的东西，对孩子来说，处处都是惊喜。当孩子向父母分享他的惊喜时，父母的取笑或漠不关心会给孩子被否定的感觉，"这有什么大不了的""这东西好脏，弄脏了衣服我可不帮你洗"这类回应只会打击孩子探索的积极性。实际上，成人的世界和孩子的世界是有区别的。如果孩子在小时候就过多地进入成人世界，可能会变成一个乖巧懂事的"小大人"。但等到他成人时，他一定会找机会找回曾经想不乖巧、不懂事的时刻。于是，"小大人"变成了"大小人"，这也是我们常说的"心理发育迟缓"。

把手机放下，把工作停停，世界不会塌。用心投入，用心相伴，即使身处外地，你也能想到很多种陪伴孩子的方式。

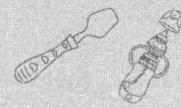

第三章 尊重孩子的身心发展规律，才是亲子教育最好的方式

（4～5岁）

第三章 尊重孩子的身心发展规律,才是亲子教育最好的方式
(4～5岁)

3.1 我喜欢亲妈妈
——适当分离有利于孩子建立性别认同

小豆子故事场景 / 4岁

> 我很喜欢亲妈妈,每时每刻都想亲她。
> 有一次,妈妈在停车,我又凑上去亲了妈妈一口,亲得妈妈满脸口水,哈哈哈,好玩儿。

豆子和妈妈的"蜜月期"

豆子在4岁左右时,有一个非常奇怪的习惯:他特别喜欢亲妈妈,有时还要用舌头舔妈妈。

4岁时是孩子和妈妈的"蜜月期",孩子会特别听妈妈的话,像不到1岁时那样依恋妈妈,同时对爸爸有点排斥。例如,我想陪豆子睡觉时,豆子会说:"我要妈妈陪。"刚开始豆妈非常享受和豆子之间的互动,但脸被口水涂满确实让人恼火,豆妈也会有些烦躁。豆子每次得逞,都像搞恶作剧成功一样开心。有一次豆妈在停车,他也凑上去亲豆妈,亲得豆妈满脸口水。

不过，豆妈能理解豆子的行为，因为豆子马上要面临一个重要的分离期，豆子这样做是在表达不想和妈妈分离的心情。没有一个孩子愿意主动和妈妈分离，但这样舔似乎有些过分，所以我们告诉他："你可以亲，但是不能用舌头舔。"

我开玩笑地对豆妈说："哈哈，现在是儿子和你最亲近的时候，你要好好享受你们的'蜜月期'。"这段时间，豆妈和豆子关系融洽，豆妈觉得豆子特别乖巧、懂事，是妈妈的贴心小"暖男"。

豆子在这个时期特别热爱生活，对任何事物的态度都充满正能量，而且特别维护妈妈，例如，会帮豆妈拿毛巾和鞋子，会一本正经地告诉豆妈哪些事情有危险，是不能做的。豆子在家里特别安静，以前喜欢挂在嘴边的"屎尿屁"的"脏话"也慢慢没有了。

最有趣的是，豆子经常提醒大人要遵守外界的规则。例如，过马路的时候，他会说："红灯停，我们要等绿灯亮了才能过马路，不然会很危险的。"豆子还学会了自我控制，吃饼干的时候会说："哎呀，我今天已经吃了三块饼干，不能再吃啦。"他已经明白有些事情自己做得到，有些事情自己做不到。他接受了外公下围棋比他厉害的事实，回到家看不到妈妈时也不会像以前那么焦虑了。

很多妈妈发现这个时期的孩子特别听妈妈的话，好像之前那个调皮捣蛋的、经常说"不"的"熊孩子"已经消失了。

在孩子与妈妈的"蜜月期"中，爸爸容易因为被忽略而产生失落感。比起爸爸，孩子更愿意维护妈妈。例如，豆妈有时会开玩笑地说："豆子，爸爸今天做错事了，你批评一下爸爸好吗？"豆子就会马上对我进行"教育"。

其实有些争吵和批评是大人之间的玩笑，但是豆子认为维护和

第三章　尊重孩子的身心发展规律，才是亲子教育最好的方式
（4～5岁）

妈妈的关系才是最重要的，这也意味着家庭关系正在被重新建立。如果爸爸在关系中被边缘化或者主动放弃了这段关系，那么孩子就可能会替代爸爸照顾受伤的妈妈。在这种情况下，孩子更容易感受到父母间的冲突，且倾向帮助妈妈，妈妈会比较安心。有些妈妈对婚姻或者丈夫比较失望时，会转而把孩子牢牢控制在身边，希望孩子满足自己的情感需求，这并不是一个好现象。

爸爸被边缘化后怎么办

爸爸被排斥在外后，往往需要通过努力才能挤进孩子和妈妈的关系中。

女孩在爸爸挤进来时，会认为只要和妈妈一样就能得到爸爸更多的爱，所以对妈妈会有更多的认同感。

男孩在爸爸挤进来时，会感受到父母之间的关系，即妈妈由爸爸关心、爱护，这时他会主动退出，与妈妈保持良好的关系，并认同爸爸的行为。

当然，有些爸爸在挤进来时也会被排斥。一旦妈妈排斥爸爸，孩子也会认同妈妈的行为，爸爸被边缘化的感觉会更强烈。不同家庭中的爸爸面对这样的情况会产生截然不同的反应。

第一种，如果夫妻关系紧张，爸爸就会撤离，并把孩子推向妈妈。妈妈和孩子的关系变得越来越紧密，爸爸也因此得到了更多的"自由"。

第二种，如果夫妻关系和谐，爸爸就会告诉孩子："妈妈是你的亲人，也是我的亲人。"让孩子和妈妈慢慢分离，同时也帮助孩子成

为更加强大的人。

豆妈在这个时期做得非常好,和豆子保持了适当的距离。例如,豆子特别希望妈妈陪他睡觉,豆妈会说:"豆子,你已经长大了,是真正的男子汉,可以一个人睡了。"豆妈帮助豆子认同自我,豆子也在豆妈的鼓励下尝试独立面对问题。

亲子关系影响孩子对父母的认同

在一些家庭中,有些爸爸因为对妻子比较失望,把感情投注在女儿身上,父女间越来越亲密。而女儿和爸爸的亲密关系会激发妈妈的愤怒或者妒忌。这时,妈妈会把女儿推开。这种分离对孩子比较残忍,孩子会觉得自己被抛弃了。

如果孩子和妈妈亲近的愿望没有得到满足,爸爸也没有更好地支持孩子,孩子就会陷入孤单、失落和委屈中。渐渐地,孩子会认同自己是糟糕的人,不值得被爱,对女孩来说尤其如此。如果女孩经常被妈妈责骂,她会放弃自己的想法进而认同妈妈,长大后就会成为自我价值感低的人,因为她觉得自己不被认同是正常的。

因此,亲子关系影响的,不仅是孩子的认知,还包括他们对父母的认同。

帮助孩子渡过性别认同的关键期

很多研究发现,一些孩子之所以变得中性,是因为他们在成长

第三章 尊重孩子的身心发展规律，才是亲子教育最好的方式
（4~5岁）

过程中，强烈地认同了一个人。

看到妈妈一直处在悲伤和痛苦中时，有些女孩会在潜意识里希望拯救妈妈，让妈妈脱离苦海，这些女孩成年后会变得特别中性，身上会具备某些男性特质；有些男孩则因为在幼年时期身边没有可以认同的、很好的男性榜样，长大后缺乏男性特质。

在性别认同的关键时期，有两个问题需要特别注意：

第一，夫妻关系是否和谐对孩子的性别认同非常重要。

第二，男孩需要和妈妈适当地分离，学会独立；女孩需要得到父母的认同，成为自我价值感高的人。

3.2 幼儿园里的"死党"
——让孩子自己交朋友

小豆子故事场景 / 4 岁

　　在课堂上，我喜欢思考，喜欢提问。放学后，我喜欢在操场上疯跑，和小伙伴们一起怪叫。

　　老师对爸爸妈妈说我太顽皮了。我担心会被爸爸妈妈责怪，但爸爸妈妈比较包容，认为顽皮是孩子的天性。

贪玩是孩子的天性

　　豆子一直不是个安静的小孩，但不安静并不代表多动或者具有超强的攻击性，而是常会呈现孩子的天性——对所有的事物感兴趣、喜欢主动与人聊天、提出各种奇怪的问题。豆子这些天性在他上幼儿园中班后，淋漓尽致地表现出来了。

　　豆子刚开始上幼儿园的时候，有些分离焦虑，会哭泣。不过，他的适应能力非常强，两三天后就在幼儿园里交到了很多朋友。上了中班后，豆子成了班里比较有影响力的孩子，还有几个玩得特别好的"死党"。关系好到什么程度呢?他们放学后也在一起玩,每当豆子有提议,其他小朋友就立刻响应。

当然,这些行为在某些幼儿园老师眼里是顽皮的表现。不过,豆子的老师认为孩子应该自由,允许孩子有一定的自由度。

豆子的社交圈

成都话里的"吠头子"是指平时喜欢大惊小怪、起哄的人。豆子和另外3个"死党"成了著名的"吠头子",他们精力旺盛,做事特立独行,连走路都喜欢绕弯路。老师设定规则时,他们4个"吠头子"总会捣乱,但最终还是会遵守规则。

作为豆子父母的我们知道顽皮是四五岁孩子的天性之一,因此也很尊重豆子的想法。听老师描述豆子在幼儿园里的表现后,我们问过豆子,为什么喜欢和那3个小朋友一起玩。豆子的答案是"我很喜欢他们,他们也很喜欢我,我们在一起玩得很开心"。

豆子不仅有顽皮的朋友,也有文静乖巧的朋友。班上一位女同学非常喜欢豆子,而且经常提醒豆子哪些事情能做、哪些事情不能做。豆子也乐意听她的话。

为什么有的孩子无法正常社交

幼儿园的小朋友有很多种类型,每个小朋友都有自己的特质,许多小朋友还形成了自己的朋友圈。有些小朋友一下课就三五成群地待在一起，其中有男孩也有女孩。在一起玩的过程中，有些孩子呈现出领导者的风范，有些孩子则表现得顺从妥协。还有些孩子一个人玩儿。

我在参观幼儿园的时候发现了以下现象：有些小朋友孤单地坐在位置上和自己的玩具玩，但如果有人主动找他们聊天，他们也会回应；有些小朋友在玩伴离开之后会非常落寞，甚至哭泣。

第一种孩子的父母可能多次忽视孩子提出的需求，孩子因此处在一种等待满足的状态里。这样的孩子在人际关系方面非常被动，不愿意主动与人交流。

第二种孩子可能已经习惯被身边的照料者满足。即使有时他们没有把需求表达出来，照料者也会按照自己的理解满足他们的需求。因此这类孩子被过度满足，无法接受不如意的事。

让孩子自己交朋友

无论何时何地，世界上的所有人都是被关系连接起来的，我们都希望被别人接纳，小朋友也如此。

有些父母对孩子的要求比较高，给孩子定的规矩多，控制得也严格，这样的孩子在顺从中体会不到被接纳；还有些父母本身比较排斥陌生人，在孩子很小的时候就不让他们接触别的小朋友，导致孩子没有太大的空间发展自己，变得胆小自闭。这个年龄段的孩子虽然有独立思考能力，但他们还是很依赖父母，如果父母传递给他们的信息是"这个小朋友很坏，以后不要跟他玩了"，那么他们就会听话地压抑自己对这个小朋友的好奇，哪怕这个小朋友主动找他们

第三章 尊重孩子的身心发展规律，才是亲子教育最好的方式
（4～5岁）

玩，他们也会因为害怕被伤害而拒绝。

父母对孩子交朋友的事情过于严厉苛刻，可能会违背孩子之间建立关系的天性。实际上，控制型的父母总是过多地干预孩子，让孩子不知所措。

我们在成年以后选择某个人做朋友主要是因为这个人身上的某些特质吸引了我们，或者这个人身上有我们可以学习的东西。然而对幼儿园阶段的孩子而言，驱使他们和谁交朋友的是好奇心，换句话说，越顽皮的小朋友，越容易吸引其他小朋友和他一起玩。

幼儿园里也有一些少年老成的小朋友，他们像"小大人"一样很听话，按照父母的要求学习和生活，他们更在意的是父母的看法。慢慢地，父母的看法变成了他们的行为准则，他们会忽略自己内心真正的需求。

在学校里攻击性很强或者喜欢到处惹事的孩子，往往在家里是被压抑的。如果孩子在家里能很好地释放天性，那么他们在外面一般不会有强烈的攻击行为或故意损害别人的利益。所以，无论是成年人还是幼儿，都需要通过良好的互动释放压力，而游戏式的互动是最好的互动方式，符合人类天性。孩子需要融入团体，在团体中互动，当孩子和幼儿园里的玩伴良好互动时，能体验到被别人认同的美好感受，进一步肯定自己的存在价值。因此，我们一直很支持豆子交朋友，并且认为朋友是他生命中非常重要的一部分。失去与朋友的连接会让我们感到孤单。

如果父母发现孩子交友困难，不妨反省自己是否在养育过程中替代得太多，导致孩子的自主性没有被培养起来。一旦照料者不在身边，孩子就什么都不会做，这是值得父母深刻反省的事情。

鼓励孩子参与人际互动，鼓励孩子和其他小朋友一起玩，让其体验与他人交往的美好，他们的人际关系才会更好。

主动建立关系并从中获取乐趣

因为成长环境比较宽松，豆子有足够的安全感，愿意主动与别人建立关系，同时他的自我认同感比较高，很多人愿意接纳他。因此，对豆子来说，在家庭外建立属于自己的人际关系并从中获得乐趣是一件容易又有趣的事情。

主动建立关系，才明白彼此的妥协。如何在家庭外建立关系？孩子有自己的一套方式。他们会在关系中建立彼此认可的规则，其中包括发生冲突后的解决措施。孩子不能被团体中的其他小朋友接纳时，就可能会被团体淘汰或自动脱离团体。

关系的特点是互动，而不是单独行动。每个小朋友的认知、生活习惯、兴趣爱好等都不一样，几个小朋友聚在一起，在同一个活动范围内玩耍或一起尝试新事物时，会体验到自己和他人的差别。在这样的交流中，孩子不仅能学会换位思考，还会增强合作意识。孩子如果没有协作能力，将很难融入团体中。因此，作为父母，我们很支持豆子与其他小朋友建立关系。

如何看待孩子的人际关系

焦虑的父母总认为"近朱者赤，近墨者黑"，担心自己的孩子交

第三章 尊重孩子的身心发展规律，才是亲子教育最好的方式
（4～5岁）

到坏朋友，实际上，孩子的天性没有好坏之分，让孩子遵循成长规律，自然成长吧！哪怕你的孩子与顽皮的伙伴一起玩耍，也不要阻止，更不用担心，他们会在一次次互动中选择是否成为彼此的朋友。

许多父母教育孩子时以对错与好坏为标准，要求孩子听话乖巧，这样的父母在无意中剥夺了孩子成长和建立人际关系的机会，也压抑了孩子的喜好。他们的孩子到了青春期，开始叛逆时可能会做出极端的事情，因为他们在幼年时被压抑得太久，被要求得太多，只能用叛逆、挣脱约束的方式成为真正的自己。

在孩子的交友过程中，我更关注孩子的感受。如果孩子觉得某个小朋友给他的感受是舒服的，我就鼓励他们成为朋友。

3.3 拉着爸爸去演讲
——孩子需要以爸爸为榜样

小豆子故事场景 / **4 岁 9 个月**

爸爸受老师邀请上台演讲啦!

我拉着爸爸的手上台,给所有同学和他们的父母介绍:"这是我的爸爸,他是一位很棒很厉害的心理咨询师哦!"

同学们都说我的爸爸很厉害,我感到非常自豪,爸爸是我的榜样,我以后也要成为像爸爸一样的人。

豆子上幼儿园中班的时候,老师邀请我在家长会上做一次小小的分享演讲,题目是"如何教育自己的孩子"。从某种角度来说,我被邀请说明老师肯定了豆子的表现,这让我感到很欣慰。

我特意抽出时间准备这次演讲。一共有 3 位爸爸受邀上台分享,老师要求小朋友拉着爸爸的手上台,并向所有小朋友和他们的父母介绍自己的爸爸。

我是第一个分享的爸爸,豆子很兴奋,不仅不害羞,而且很主动积极,可能是因为我在他身边使他更加自信。他很开心地向大家介绍:"大家好,这是我的爸爸,他是一位很棒很厉害的心理咨询师

第三章 尊重孩子的身心发展规律，才是亲子教育最好的方式
（4~5岁）

哦！"说完，豆子自豪地笑了。简单的介绍却让我很开心。

后来，上了小学的豆子在作文《我的爸爸》里写道："我爸爸是一位非常温柔的、像大象一样强壮的爸爸，经常陪我一起玩儿，我觉得爸爸很爱我，我也很爱爸爸。"这段话深深印入了我的脑海，在我们之间形成了深层的情感牵绊。

为什么孩子需要认同爸爸

在5岁孩子的生活中，爸爸是非常重要的角色。孩子在3岁以后开始进入一个比较特殊的时期，我们称之为"俄狄浦斯期"或"恋母情结期"，这时爸爸要更多地介入孩子的成长。

进入俄狄浦斯期的男孩一开始和爸爸的关系会比较生疏，但当他们发现爸爸在自己成长过程中扮演着"顶梁柱"的角色后，就会认同爸爸，以爸爸为榜样，认同自己的性别，找到自己将来努力的方向。在这样的过程中，他们也会渴望得到爸爸的认同，并有超越爸爸的愿望，会慢慢与爸爸建立有序的竞争，同时也会在意爸爸对他们的看法。因此，他们在这个时期更愿意达到爸爸的要求，希望获得爸爸的认同。爸爸的认同会帮助他们建立自我认同感。

女孩在俄狄浦斯期有了朦胧的性意识，希望得到爸爸更多的爱，想与爸爸建立更亲近的关系，所以她们会主动帮爸爸做一些事情，例如给爸爸拿拖鞋。她们心目中的爸爸形象往往会影响她们长大以后的择偶标准。这一时期的女孩和妈妈之间会形成竞争关系，例如，在夫妻关系紧张时，如果丈夫非常宠爱女儿，妻子会很"嫉妒"，会把对丈夫的抱怨传递给女儿，这会影响丈夫和女儿之间的亲密度；

假如女儿也非常依赖妈妈,女儿就会觉得和爸爸亲近是对妈妈的背叛,会因此产生愧疚的情绪,和爸爸亲近的愿望会被阻断。

孩子心中需要有力量的父亲形象

在家庭里,妈妈有妈妈的职能,爸爸有爸爸的职能。妈妈的职能更多的是护佑和养育,包括给孩子提供安全的环境,让孩子在成长中感受到爱。

爸爸的一些职能和妈妈是一样的,如养育和护佑等。除此,爸爸还必须具备传道、规训和取胜的职能。

爸爸的爱是有条件的:如果你按照我的条件做了,我才承认你是好孩子。孩子想得到爸爸的认同,就会开始关注自己将要成为什么样的人,希望最终超越爸爸。爸爸在这个过程中起到规训的作用。

爸爸对待事物的态度、看法以及应对人际关系的方式会被孩子潜移默化地认同,内化为孩子的世界观和价值观。但前提是,爸爸必须成为孩子的榜样。豆子认可我是有力量的爸爸,我觉得很幸运,这让我能更好地将一些观念传授给他。

爸爸的取胜职能是指孩子觉得自己的爸爸比别人的爸爸更胜一筹,并为此特别自豪。爸爸的取胜职能要求爸爸展现出强者的姿态,当然,并不是让爸爸自诩强大,而是要让孩子感受到爸爸强大。例如,陪孩子做些冒险的事情,并告诉孩子:"虽然我们有遇到一点危险的可能,但爸爸始终会在旁边陪着你,保护着你。"

爸爸的职能是否能发挥出来与爸爸能否被孩子认同有关,这一方面受孩子与爸爸之间互动的影响,另一方面也与妈妈对爸爸的态

第三章 尊重孩子的身心发展规律，才是亲子教育最好的方式
（4～5岁）

度相关。

如果女孩感受到爸爸是有力量的，希望得到爸爸的爱，长大以后，就可能会寻找跟爸爸一样的人，在亲密关系中得到爱护，感到满足。但如果爸爸在妈妈眼里是比较糟糕的男性，爸爸的职能在家里会被边缘化，女孩会和爸爸疏离，这样的状态会影响女孩心中对男性最原始的认知。有些女人不认可男人，实际上可能源自对妈妈观念的认同。她们年幼时一方面会同情懦弱无能的爸爸，另一方面也会怒其不争，这种矛盾会直接影响她们成年后与异性的亲密关系。例如，有些女孩特别容易被糟糕的男性吸引，原因在于她们的内心有一个愿望，就是希望爸爸从懦弱的人变成有力量的人，然后再由有力量的爸爸来爱她。

男孩可能会因为对妈妈的依恋而否定爸爸。男孩一旦否定自己的爸爸，那么这位爸爸的很多职能就没办法呈现出来。如果这位爸爸觉得怎么做都达不到妻子想要的结果，以致"破罐子破摔"，那么他的妻子就可能会在头脑中创造一个完全符合自己心意的完美男性形象。当孩子视其为榜样，发现自己无法变得像他那样完美，更无法超越他时，就可能放弃努力。

5岁左右是孩子对妈妈的依赖期，一些妈妈能有意识地与孩子保持适当的距离，希望孩子独立面对属于他们的未来世界；还有一些妈妈希望孩子一直陪伴在自己身边，约束孩子的世界，这也是为什么有些孩子成年之后还要说："这件事情我要问问我妈妈的意见。"我们将这样的想法理解为孝顺，但同时，我们也可以看出，这样的孩子没有主见。

如果爸爸在孩子的成长过程中缺席，妈妈就可能有很多抱怨，

会将不满传递给孩子。有些孩子经常对妈妈说:"妈妈,没关系,我陪你,等我长大了,给你买大房子。"这样的妈妈可能生活态度比较悲观,或者和孩子的关系太过于紧密,以致把孩子当成丈夫的替代者,她们的孩子在扮演照顾妈妈的角色。

爸爸在自己的孩子眼里是一个什么样的人或者爸爸能否做一个负责的人,对孩子的影响是非常大的。经常在孩子身边,陪伴孩子成长的爸爸,更容易让孩子认同自己。被孩子视为榜样。

那么,如果孩子的爸爸不在了,单身母亲是否能够养育出健康的孩子呢?答案是可以的,关键在于妈妈心里的丈夫是什么样子的。

我的一位来访者告诉我,在她4岁左右时,她的爸爸去世了。但妈妈经常对她说:"你爸爸的性格非常好,他很爱你,一直把你当成他的小天使。"女孩认同了妈妈心中的爸爸,相信自己是被爸爸爱着的小天使。所以,虽然爸爸的离开曾让她有分离的恐慌,但是没有影响她后来选择伴侣的标准。

可见,如果在妈妈的眼中孩子的爸爸是一个很好的人,孩子就会把爸爸当成榜样,认同爸爸。

3.4　洗澡引发的家庭战争
　　——过度的掌控不是爱

小豆子故事场景　／　4 岁

　　外婆又催我洗澡了，但是我想看完电视再去洗澡。后来不知道为什么，妈妈和外婆争吵了起来。外婆哭了，妈妈把自己关在房间里。
　　我不知道该怎么办……

妈妈和外婆的掌控之争

　　豆子4岁了，他很"任性"，经常无限期拖延、不收拾自己的玩具，在这种情形下，我们会提醒他。但豆子会把我们的提醒当作"耳旁风"，不理睬，不回应，我们常常会被激怒。
　　有一次豆子不愿意去洗澡，豆子外婆在一旁不停地提醒他，这激发了豆妈童年时被不断要求的糟糕记忆。因此，当外婆又一次催促豆子的时候，豆妈忍不住和外婆发生了争吵："为什么一定要现在洗澡，难道晚5分钟不行吗？"外婆的观念是"到时间了，他必须要洗澡"。豆妈和豆子外婆的剧烈冲突把豆子吓坏了，豆子坐在沙发上不知道该怎么办。

每当豆妈和豆子外婆争夺掌控权时，家里就会变得很"热闹"。豆妈觉得"我和豆子更亲近一些，他应该听我的"，豆子外婆也觉得"我跟豆子更亲近一些，豆子应该听我的"。

对需要掌控感的人而言，别人不按照他们的意愿行动会令他们产生强烈的挫败感，因此他们无论用什么样的方式，都要夺回掌控权，这也是很多父母希望孩子乖乖听话的原因。听话意味着服从和顺从，只有这样，父母才能更好地控制方向。父母对孩子的掌控和束缚会导致孩子失去自主意识，亲子关系不健康。

不让孩子认同掌控

我们幼年时在原生家庭中被对待的方式总会在我们身上留下印记，其中的一些变成了隐藏的创伤，如果没有被疗愈，创伤很容易被激发。当我们或者身边的人被曾让我们感到受伤的方式对待时，我们的记忆会被唤醒，产生记忆中的感受或者将其投射到他人身上，压抑的愤怒也会随之爆发出来。所以豆妈在豆子外婆一次次催促豆子去洗澡时，回忆起童年被不断要求的糟糕感受，她的愤怒爆发了。

豆妈意识到争吵影响了豆子，于是尝试主动和豆子解释，但豆子怀疑是不是自己做错了什么。豆妈对豆子说："外婆现在很难受，豆子去陪外婆说说话。"豆子变成了协调她们两人之间关系的"和事佬"。

我不认同这种方式。虽然豆子害怕长辈争吵，但他会在听了豆

第三章 尊重孩子的身心发展规律,才是亲子教育最好的方式
(4～5岁)

妈的话后发现自己能影响妈妈和外婆之间的关系。如果孩子在这样的情况下善于利用照料者之间的矛盾,那么他的头脑中就会形成一种假象:我是掌控者,可以掌控这个世界的运转,处在无所不能的状态里。

克服对失去掌控的过度焦虑

有一段时间,豆子经常拒绝外婆的要求,他会说:"妈妈说过我可以这样做。"这种拒绝让外婆觉得自己对豆子的掌控权受到了"威胁",于是外婆向豆妈抗议:"你不应该这样教小孩,会让孩子变得……"

孩子不顺从使我们变得焦虑。例如,豆子穿鞋磨蹭的时候,外婆会对豆妈抱怨:"你看,你的孩子现在这么散漫,以后他一定是一个特别散漫的人。"

其实,这个年纪的孩子有些叛逆,会和大人对着干。豆子的外公外婆和豆妈都很在意别人的看法,因此他们对豆子待人接物的方式有很严格的要求。然而豆子并不配合,当大人提出要求时,他会直接反驳,这段时间他的口头禅是"凭什么""为什么"。

孩子在成长中需要经历很多事情,很可能会出现失误,而失误是成长的一种反馈。我不希望豆子是特别乖巧、温顺的孩子,因为乖巧和温顺反映的是对他人依赖的需要,这样的孩子离开了家人后有时会不知道该如何思考,也没有办法面对挫折。

不被尊重的孩子也不会尊重别人

我在职业生涯中一直研究人与人之间的关系，发现成年人和他人的关系中有一个非常有趣的配对模式。例如，有些人的职场关系很糟糕，每当上级将任务指派给他们时，他们心里就会产生愤怒。他们有愤怒的感受就是因为他们幼年时经常被别人指挥。愤怒的根源是幼年的体验，因为他们没有机会解决或者表达愤怒，于是这种情绪就被深深地压抑在无意识里，当同样的情况出现时，愤怒就会重现。

他们不仅不认同别人做出的工作分配，而且会因被要求、命令而愤怒。很显然，这是他们内心的苛刻控制型父母和顺从型孩子的配对模式的重现。顺从型孩子觉得自己有能力反抗时，就会反抗包括正常工作指派在内的任何命令，致使他们的职场关系难以维系。

一个没有被真正尊重过的孩子，长大以后也不会尊重别人，因为他们在重复着自己被对待的方式。7岁以内的孩子基本上习得、内化了所有规则，因此在孩子成长的阶段中给孩子受到尊重的体验是非常重要的。如果照料者一直担心和焦虑，试图控制孩子，就不会真正在意孩子的感受。这样的孩子哪怕获得了物质的满足，内心也是孤独的。

帮助孩子平和、客观地对待世界

家里养了一只小乌龟，豆子喜欢捉弄小乌龟，也就是把小乌龟当成玩具，时不时地给小乌龟翻翻身。其实这也是孩子探索的过程，

第三章 尊重孩子的身心发展规律，才是亲子教育最好的方式
（4～5岁）

但乌龟是有生命的，被戏弄时肯定不舒服。

豆妈意识到了问题，问豆子："你希望小乌龟是你的玩具还是你的朋友呢？如果它是玩具，那你可以这样玩；如果它是你的朋友，那你希望你的朋友这样对你吗？你希望朋友陪着你玩还是不停地把你扔来扔去呢？"后来，豆子在豆妈的帮助下，慢慢理解了"互相照顾"的含义。有时候乌龟缸里没有水了，豆子会往里面加水、给小乌龟喂食物，还会和小乌龟说悄悄话。这种对话也是照顾的一种方式。

当孩子能更平和地对待事物时，和照料者特别是和妈妈的关系会更加亲密，同时孩子也能更加客观地看待这个世界，清楚什么事情是自己可以做的，什么事情是自己不能做的。等孩子到了遵守规则的阶段，就会意识到规则对自己是有利的，并运用规则来保护自己。

3.5 帮外婆收拾碗筷
——给孩子独立自主的成长机会

小豆子故事场景 / **4岁3个月**

我现在可以自己一个人吃饭，不用外婆喂我啦。

我会在吃饭前帮外婆拿餐具，吃完饭后还会把自己的碗筷放到洗碗池里。做完这些以后，我会告诉爸爸妈妈和外婆："我做好了。"大家都夸我是爱劳动的好孩子。我特别开心，觉得自己很厉害。

学着独立和自主

我一直希望豆子能够独立和自主。在生活中，我会锻炼他的自理能力，让他做一些力所能及的家务，例如，吃完饭后收拾自己的小碗筷。我告诉他："这是你自己的事情。"虽然有时他会不小心把碗筷摔到地上，但是我不会因此责怪他，也不会因为他把事情搞砸了就不再让他做。

四五岁的孩子可以在能力范围内做一些家务，如拿碗筷、倒垃圾等，孩子能在参与家庭生活、学习照顾自己和家人的过程中成为

第三章 尊重孩子的身心发展规律，才是亲子教育最好的方式
（4～5岁）

独立自主的人。

一开始，豆子收拾好碗筷后说"我做好了"时，我们就会肯定他、夸奖他。到了4岁以后，豆子已经把做这些家务当成了一种习惯，不再为得到夸奖而做。

我曾经告诉我大儿子龙龙："自己的事要自己做，学习也是你自己的责任，爸爸会在你遇到困难时给予帮助，希望你能够独立地完成自己的事情。"因此，在他学习的过程中，我没有干预太多，只是教他一些技能，比如遇到不懂的问题，可以在网络上查阅资料或者参考其他文章。他总会自己想办法完成要做的事。

有些父母总认为孩子还小，需要代替孩子打点好一切，以此表达自己对孩子的爱。

有位全职妈妈不让孩子做任何事情，孩子放学回家后只需要学习就可以了，哪怕孩子已经8岁了，这位妈妈也依然坚持如此。她每天都非常忙碌，要做所有家务，还要陪着孩子写作业，没有时间发展新的人际关系，也没有时间和闺密一起聊天、吃饭。她认为自己对家庭的贡献非常大，如果没有她，她的家就会停止运转，孩子也觉得"我离不开妈妈"。

龙龙高中时读的是寄宿学校，班上有一位女同学没办法住宿，原因是她没有自理能力，不会做很多事情。她上学前，妈妈教过她如何洗衣服，但她不相信自己能做好，在学校里需要自己动手时，她就会恐慌、无助。妈妈赶紧在学校旁边租房照顾她，但因为妈妈对她的生活干预过多，两人冲突不断。她回家后喜欢乱扔衣服，妈妈会边收拾边埋怨："你怎么又乱扔衣服？""你这么大了，为什么还不会照顾自己？"这位妈妈并没有意识到，自己根本没有给孩子学习

自理的机会。

不能照顾自己的人，走不出小圈子

　　心理学告诉我们，一些人无法建立亲密关系，是因为自身的冲突没有解决，例如自给自足的冲突没有被化解。一个人如果没有照顾自己的能力，离开照料者后，就会产生被全世界抛弃的恐慌感；当他想要自给自足却又无法做到时，就会产生深深的挫败感。

　　一位女性来访者的父母在她小时候就离异了。养育她的是姥姥和妈妈，妈妈工作很忙，基本上都是姥姥在照顾她。因为怜惜她，姥姥不让她做任何家务，哪怕她碰一下冷水或者收拾碗筷，姥姥都会说："你是我的宝贝，你不需要做这些，放着让姥姥做就可以了。"后来，她形成了一种认知：我不需做任何事也有人疼爱。

　　长大后，她的工作能力很强，但生活一团糟。有一次搬家，她自己收拾物品时，忽然觉得很难过，因为她根本不知道怎么收拾。搬到新家后，朋友帮她打包好的行李一直放在房间，几乎没有被移动过，她经常穿的衣服只有那几件，地板上一层灰，不小心洒点水，地上就会起毛球。她回到家就把衣服扔到床上，睡觉时就把床上的东西放到沙发上。就这样，她自己待了半年。

　　她一直渴望找一个像姥姥一样愿意无条件照顾她的男朋友。每次发现对方无法做到时，她就会非常愤怒，致使对方离开，她很恐慌但又不知道该做些什么，似乎男朋友的离开会让她陷入一种"死亡"状态。

第三章　尊重孩子的身心发展规律，才是亲子教育最好的方式
（4～5岁）

精神分析学中有一种投射性认同叫"依赖性投射认同"，指的是一个人在需要做决定或独立行事的时候，都有求于他人，迫使别人关心或帮助他，并不断传递出"如果你不帮我，我就会走投无路"或者"如果你不关心我，我就活不下去了"这类信息。有些人有拯救者情结，一开始发现被别人依赖时会很享受，但时间久了会感到无力。

孩子如果从小就被父母无微不至地照顾着，到青春期以后，很容易和父母产生冲突。因为父母享受被孩子依赖，习惯于掌控孩子的方方面面后，会在与孩子相处时忽略对孩子的尊重，父母也会因为孩子到了十几岁还缺乏自理能力而感到失落，觉得自己牺牲很大，很委屈，会想："我已经照顾你这么多年了，你还想怎么样？你已经这么大了，为什么还需要我来照顾呢？"

我们依赖对方时，无法自主地表达自己，也不能追求自己想要的东西，因为扩展活动范围就意味着需要离开对方，但是因为缺乏自理能力，又只能回到对方身边。这种冲突会不断影响我们的人际关系，包括对事物的态度。有些人在工作中遇到困难时，不会自己思考解决问题的办法，只寻求他人的帮助，这种现象就是缺乏自主能力造成的。当孩子有能力自主做事的时候，父母要给予孩子成长的机会。

自我照顾是独立的开始

很多人如婴儿一样，需要别人满足自己的需求，但同时又觉得自己无所不能，不清楚人与人之间的边界，非常依赖他人。这些都

是没有自主能力的表现。

婴儿需要依赖照料者,但他们长大后完全可以独自生活。如果在这个转变过程中,父母剥夺了他们的自主能力,他们就将丧失自我价值。

自我照顾是独立的开始,成年人的成熟特质就是自我负责、自我照顾和享受人际关系。依赖他人的照顾,一旦得不到满足,就勃然大怒,实际上是婴儿的表现。

当孩子有能力自己穿衣服或者做家务时,请不要阻止他,也不需要担心,尽量让孩子自己尝试、自己摸索。这是他成长的开始,他需要在劳动中获得自我价值。即使孩子在尝试的过程中磕磕绊绊,父母也不能剥夺孩子独立成长的机会。

会自我照顾的孩子更会照顾他人

孩子会自我照顾以后,能更好地向他人表达爱意,更愿意主动帮助、照顾他人。他们对父母表达爱意时,会主动给爸爸倒杯水或者给妈妈揉揉肩。在一支著名的公益广告中,一个小孩摇摇晃晃地端着一盆水给妈妈洗脚,妈妈的脸上充满笑容,因为孩子已经学会为他人做贡献,也懂得向身边的人表达自己的爱意了。

第三章 尊重孩子的身心发展规律，才是亲子教育最好的方式
（4～5岁）

3.6 打碎了汤碗
——孩子做"坏事"是本能地探索不同事物

小豆子故事场景　／　4岁3个月

外婆在做晚饭，我想帮忙，但外婆不允许我进厨房。
我趁外婆不注意的时候偷偷溜进厨房，一不小心把汤碗摔到地上了，差点儿被烫伤。外婆很生气，妈妈也很生气，我也被吓哭了。

好奇的豆子

豆子4岁多时，喜欢捣弄些稀奇古怪的东西，弄得家里总是乒乓作响。出去玩时，他会东张西望；看到有趣的东西时，他会摸一摸。

有一次，豆子外婆在做晚饭，豆子想帮忙拿汤碗，外婆不同意。趁外婆不注意，豆子自己拿起汤碗却没拿住，把汤碗打碎了。外婆又心疼又恼怒，恼怒的原因是豆子不听她的话，心疼是因为豆子差一点儿被烫伤了。

豆妈听到厨房的动静后，进厨房了解情况。豆妈比较了解育儿知识，清楚豆子在这个年龄段好奇心旺盛的特点，和豆子外婆理论

了起来，而豆子外婆固执地坚持自己的想法，两人互不退让。豆子打翻汤碗后被吓了一跳，他知道滚烫的汤很可怕，再加上看到妈妈和外婆争论，他不知所措地哭了。看到豆子哭了，豆妈自然先安抚豆子的情绪。

其实，这只是一个导火索，最主要的问题出在豆子外婆和豆妈的关系上。

当豆子嘴巴里蹦出"屎尿屁"之类的词或者搞坏东西时，豆子外婆会非常焦虑，不停提醒豆妈说："管管你的孩子，你的孩子现在越来越难管了。"豆妈听后也很焦虑，瞬间想起小时候被豆子外婆责怪的体验，母女俩争执起来。豆妈的焦虑一方面源于豆子调皮给家里造成的麻烦，另一方面源于幼年时期被责怪和抱怨的心理焦虑体验。

一般而言，共住同一屋檐下的两代人如果都坚持自己的育儿理念，各执己见，只会给家庭教育和孩子的成长带来不利的影响。

老人把照顾孙辈当成重大的责任，是给子女的一个交代，因此他们异常敏感，生怕有一点儿闪失。在这种情形下，老人不会放手让孩子探索，会时刻担心孩子受到伤害。

有些老人也希望在照顾孩子的过程中提高自己在家庭中的存在感或者体现自己的某种价值。如果孩子在自己的指导下茁壮成长，而且听话聪明，老人会获得非常强烈的价值感。孩子3岁之后自主能力增强，越来越不受控制，叛逆、调皮，这会让老人感到非常疲倦，老人想依赖子女解决焦虑，双方的教育理念一再碰撞，这也是很多孩子的教育问题容易发生在这个时期的原因。

第三章 尊重孩子的身心发展规律，才是亲子教育最好的方式
（4～5岁）

"无法无天"的孩子

4岁多的孩子对外界充满着好奇且精力非常旺盛，妈妈会因此感到力不从心，特别希望丈夫能及时给予自己帮助。

这个时期的孩子意识到大人并不是无所不能的，所以妈妈给孩子建立的规则很容易被孩子打破，这也让孩子感受到了自己的力量。因此当家庭中出现矛盾的时候，孩子会观察哪个人是强者，然后慢慢向强者靠拢或者站在强者的立场上。有些孩子和妈妈发生冲突后会向爸爸告状，其实这是孩子在向强者寻求保护。

安全感强的孩子，通常在幼年时与母亲的母婴关系建立得不错。因为想检验自己的探索能力，他们表现出很强的探险精神和参与感，希望通过成功完成一件事情获取自信。孩子在尝试的过程中难免出错，但对这个年纪的孩子来说，犯错未尝不是一件好事。打碎碗、弄坏花瓶、弄翻墨水都不是大事，却能让孩子更清晰地认识一些事物的特质，明白什么事情不能做，以及用什么样的方式做事才能达成自己的目标，等等。

安全感弱的孩子往往不太敢于尝试，做错事的概率也就小了。如果父母太过严厉，孩子就会因为害怕而放弃向外拓展。还有一些曾被抛弃的孩子，在这个时期也不敢探索新事物，他们害怕因为犯错而被再次抛弃。

豆子是一个安全感比较强的孩子，他想尝试很多东西，但能力有限，容易把事情搞砸，变成我们心目中所谓的"坏事"。有时候孩子也会故意做"坏事"，想看看父母的反应。如果用一个词来形容这个年龄段的孩子，那就是"无法无天"。

处在这个年龄段的孩子不懂事物运行的规律,但是对规则有些模糊的认知。孩子有时不认同照料者的规定、约束和要求等,但他们的本意不是挑战照料者的权威,而是受天生的好奇心驱使想去探索和冒险,以致无暇考虑照料者对他们的期望。当孩子的好奇心胜过照料者的责怪和批评时,压抑天性给孩子带去的只有痛苦。

如何让孩子顺利度过好奇心过胜的特殊时期

第一,多带孩子出去玩或听故事。玩的过程可以很好地满足孩子对新事物的好奇。听故事对孩子具有非常大的吸引力,了解每一个新故事对孩子来说都是一次很好的探索过程。儿童有声读物和绘本等都会带领孩子进入故事中,完成一次次探索。

第二,在安全范围内满足孩子的好奇心。在儿童乐园里骑自行车、荡秋千,在公园里看小花等都能满足孩子的好奇心。

当孩子尝试新奇的玩法时,如果没有危险,父母不必阻止。在对孩子进行安全教育的同时,父母也可以和孩子一起探索。

第三,建立规则,保护孩子的自由。孩子的成长需要规则的护航。但不要用物质惩罚抑制孩子的好奇心,对孩子说"如果你做了这件事,你会失去新的玩具,也不能去游乐场玩了",并不能让孩子明白危险之处,就事论事更有利于孩子在危险的事物面前有所节制。

好奇心可以有,但是要在安全的范围内探索。

用打骂的方式阻止孩子探索,实际上剥夺了孩子的好奇心,这样很容易给孩子造成心理创伤。

孩子4岁多时是考验父母耐心的阶段。父母只要掌握孩子身心

第三章　尊重孩子的身心发展规律，才是亲子教育最好的方式
（4～5岁）

发展的规律，这个阶段很容易就会过去。

孩子在探险的过程中会对一些危险的事物特别好奇，照料者如果无法与孩子良好沟通，将会引发彼此的焦虑。

我们需要理解孩子在每一阶段的心理特征，也要明白孩子做"坏事"并不是为了违背父母，只是本能地探索不同的事物。一些照料者认为孩子做"坏事"是为了违背自己的要求，那是他们的自恋被打破后产生的挫败感在作祟。

遵循孩子的身心发展规律才是亲子教育最好的方式。

3.7 我爱玩水，不爱洗澡
——父母适当放权，尊重孩子的自我意识

小豆子故事场景 ／ 4岁5个月

"凭什么""为什么"是我的口头禅。我总故意和外婆唱反调，想让她知道我的想法。

我不爱洗澡，每次外婆提醒我去洗澡的时候，我都会假装没有听见。

小豆子的口头禅"凭什么"

豆子和豆妈、豆子外婆的冲突是从豆子3岁时开始的，这个阶段的他有强烈的自主意识，当然这是一个正常的心理发展过程，但是后来，豆子忽然出现了非常让人恼火的变化。

第一，他出现了不合作的态度。豆子一直不喜欢洗澡，每当外婆提醒豆子要去洗澡了，他就会假装听不见。我在家时，就会提议："小豆子，我们去玩水吧。"听我这样说，豆子会主动跑到洗手间，因为"玩水"对他来说很有吸引力。但豆子4岁半左右时对"玩水"

第三章　尊重孩子的身心发展规律，才是亲子教育最好的方式
（4～5岁）

已经不感兴趣了，我的提议也不奏效了。

有一次豆子外婆说："豆子，该去洗澡啦，现在很晚了。"豆子说："凭什么，为什么要现在洗澡？""凭什么""为什么"是豆子这段时间的口头禅。早上起床的时候，豆妈说："豆子，你穿这双球鞋吧。"他也会说"凭什么""为什么"，然后生气地把鞋子扔掉，自己选择另一双鞋子。

这让豆妈和豆子外婆都很伤心，因为她们一直全心全意地为豆子付出，但是现在豆子经常不领情。他答应了做某事以后会反悔，如果我们无法满足他的一些要求，他还会发脾气。

这句"凭什么"可能让很多父母无法应对，有时候豆妈会大声说"凭我是你妈"，每当这时，豆子都会收敛一些，但是他的小眼神和消极行为都透露着不情愿。

第二，他变得爱吹牛。那种吹牛的方式让豆妈感到特别无奈，豆子会夸大一些事情，还会不断地夸大自己的能力。

豆妈从小就被要求做谦虚的人，豆子吹牛让豆妈感到尴尬，甚至有些羞耻，所以当豆子吹牛时，豆妈会责怪他，但豆子还是老样子。

豆子和外公一起下棋，发现自己输了时，会发脾气，扭头就走，好像无法承受这种挫折似的，说"臭外公"之类的话。豆妈实在忍无可忍的时候甚至想体罚豆子，豆子外婆外公也很伤心，常常说："为什么我们对豆子那么好，还被他这样对待？"

挑战规则：讨价还价

这个年龄的豆子进入了一个非常关键的时期，他在这个关键时期开始建立完整的自我意识，进入一种我们所说的特别"自私"的状态。

这种状态里的孩子会呈现出几个特别重要的特点。

第一，很关注当下。

当下的感觉对这种状态里的孩子来说特别重要。例如，某个孩子要看书，父母和他约定看 10 分钟，但是他没有 10 分钟的概念。10 分钟到了时，他可能理都不理，继续看他的书；当父母要求他停下时，他不理父母，甚至很生气，用强烈的攻击状态对待父母，使父母很头疼，也很抓狂。

第二，特别自恋和自以为是。

他们的自以为是会让他们把自己的能力和一些事情夸大。当发现自己的能力没那么大，要依赖其他人去完成一些事情的时候，他们会产生挫败感，并会变得愤怒。他们可能对帮助他们的人发一顿脾气、攻击一番，或者打破设定好的规则，而后者会让部分孩子产生一些拖延的行为。

注重规则的、焦虑的父母无法容忍这样的行为，所以豆妈和豆子经常发生冲突。豆子和豆子外婆也会发生一些冲突，因为豆子外婆也需要掌控感。和豆子发生冲突时，豆子外婆会感觉到特别委屈，甚至会说自己"养了一个白眼狼"，但豆子根本不理会。

其实"凭什么"等口头禅出现在孩子的成长中是正常现象。孩子有了自己的主张和喜好，会挑战大人建立的"必须"和"应该"

第三章 尊重孩子的身心发展规律，才是亲子教育最好的方式（4～5岁）

的规则。

有一次，在我演讲结束后，一位妈妈找到我，讲出了自己的困惑："我的女儿本来很乖巧，不知道为什么，她4岁以后经常无视我们的要求，有时候她明知道某件事情是不能做的，还是会无理取闹或者消极对待，这让我觉得自己很失败。"当这位妈妈要求她的女儿收拾床铺或者完成幼儿园布置的作业时，她的女儿就会不开心地大叫，甚至要和妈妈讨价还价后才愿意写作业。这位妈妈很疑惑：孩子这样做是不是故意的？

这个年龄段的孩子非常"聪明"，懂得和大人讨价还价，能够分清大人的想法和自己的想法，希望得到父母的公平对待，希望获得尊重。

孩子与父母"讨价还价"代表他们内心非常渴望被尊重。有些父母会尊重这个时期的孩子，鼓励孩子有自己的主意、观点、喜好和做事节奏等。但有些父母会加强对孩子的掌控，不允许孩子有自己的主张，孩子感受到父母的这种态度后，就会开始不听话了。

4~5岁是孩子形成自我价值的关键期，如果孩子的主意和意愿得到了尊重，他们就会越来越有自信。在孩子的这个成长阶段中，父母给予孩子帮助和支持，会让孩子感受到关注和被爱。当然，在这个时期，孩子做的"坏事"也比较多，父母对待孩子犯的"错误"要有正确的态度，这一点是至关重要的。

控制并不能真正解决问题

有些父母可能没有注意到孩子内心特别强烈的自我意识的萌生,还是采用老一套来育儿,即运用各种方式控制孩子。

如对孩子讲道理。这个年龄的孩子不太理解道理,他们还没有形成完整的自我感、归属意识和规则意识。有些父母发现孩子在幼儿园或者家以外的环境中和他人相处得不错,但在家里会用截然不同的方式对待家人时,会开始对孩子讲道理,希望用讲道理的方式让孩子更加听话,消除他们不合作的行为。

再比如威胁孩子。一些父母经常用的几句威胁的话是"我不要你了""你再这样的话,我就走了""如果你不听话,警察叔叔会来把你抓走",这些威胁都会让孩子感到恐惧。

但控制并不能真正解决问题。当父母没有尊重孩子意愿或强势地控制孩子,用苛刻的态度压制孩子通过说"凭什么""为什么"等方式表达的诉求的时候,孩子可能会被吓到。这会导致他们刚刚萌生的自主想法被扼杀在摇篮里。因为害怕被惩罚,他们可能会放弃检验自己能力的机会,成年后做某些事情时也可能会因担心结果不完美受到惩罚而犹豫不决或者拖延。这种无意识的恐慌,其实是对惩罚的恐惧。

生活在一个多兄弟姐妹的家庭中,尤其是重男轻女的家庭中,孩子很容易学会"生存策略"。这种"生存策略"是指孩子不会向大人表达自己的诉求,因为父母对他们的爱是很有限的。他们的父母认为孩子的诉求和主张是父母的负担,希望孩子顺从听话,不给自己制造麻烦,甚至希望孩子可以替代自己解决某些困难。在这种环

第三章　尊重孩子的身心发展规律，才是亲子教育最好的方式
（4～5岁）

境下成长的孩子没有机会提出"凭什么""为什么"，无法被真正尊重，在更多时间里都按照父母的要求生活，表现得乖巧懂事，但也因此无法成为自我价值感很高的人。

有些家长认为孩子太小，根本不知道自己想要什么，所以即便孩子提出自己的诉求，家长也会按照自己的意愿帮孩子做决定。例如，豆子想玩一会儿再去洗澡，这是他的诉求，但是对掌控欲很强的外婆来说，这种诉求会让她感到失控，她需要孩子按照规则做事，以满足自己的掌控感。

如果照料者不尊重孩子的诉求或者孩子的愿望没有被满足，那么孩子可能会放弃表达，慢慢变得不爱说话。这样的孩子看起来是听话的乖孩子，但其实听话的背后是落寞和不自信，他们不会再提出自己的意见和想法是因为他们知道自己的需求不会被满足，他们中的一些人甚至会出现沟通障碍。

有一位30多岁的女性来访者对她4岁时发生的事印象深刻。那时候，她妈妈不愿意让她做任何事，家人对她的评价是："这孩子胆小，不太爱说话，做事小心翼翼，也不敢主动与人交往。"慢慢地，她也认同了这些标签。成年以后的她也不敢主动提出要求，总害怕被人拒绝，她希望身边的人在她没说出诉求的时候就给予她满足。同时她也带着这样的愿望寻找伴侣，当恋人无法达到她的要求时，她就会很焦虑，甚至怨恨对方，但是她不会把这些情绪表达出来，而是排斥、远离对方，担心自己受到伤害。

我们需要知道，沟通是合作的基础，建立在掌控和服从上的沟

通会让人失去平等合作的权利。

正确认识孩子的"凭什么""为什么"

作为父母,我们要意识到孩子在这一时期出现不听话、讨价还价的现象是正常的。他们意识到和父母之间,尤其是和妈妈之间的关系相对稳定时,就认为父母会一直在,不会无缘无故地离开,所以敢于故意和父母唱反调。这是孩子必然会经历的一个过程。在这个过程中,帮助孩子正向、健康地发展非常重要。他们的人格是否稳定,是否能走向健康的状态,能否非常自信地面对一些事情,能否以一种主动的状态负担自己的事务,都受四五岁时成长状况的影响。

当然,有些父母在这个阶段会用物质奖励的方式诱惑孩子,例如,对孩子说"宝宝现在去洗澡,妈妈给你买玩具"。这样做的父母并没有真正地聆听孩子的诉求,只是在用物质上的满足补偿对孩子精神上的剥夺,这种沟通还是建立在掌控之上的。

父母与孩子在沟通交流时要相互尊重和适当妥协,为孩子塑造自我价值提供空间,这有助于孩子将来很好地处理人际关系,自由表达自己的想法和愿望,而不用担心受到惩罚。

尊重孩子的意愿

我们对待孩子的方式一定会作用到我们自己身上。因此,当发现孩子已经开始有拖延或者不合作状况时,我们首先要尝试理解他

第三章　尊重孩子的身心发展规律，才是亲子教育最好的方式
（4～5岁）

们，并反省我们是不是对孩子控制得太多了。

如果父母（特别是妈妈）宽容和尊重孩子的自我意识，孩子能感受到父母或者其他照料者爱着他们，一直以欣赏的目光看着他们，那么，孩子就会充满自信，也会自信地提出自己的诉求，表达自己的喜好。这样的孩子与家人的对抗相对来说会少一些，合作会更多一些，会对家人的夸奖和赞美有积极的反应。

有些孩子在成长中学会了一种更好的合作方式——妥协式的合作，他们不用反抗的方法应对身边的照料者，这让他们在处理与其他人的人际关系时更加大方。例如，买东西的时候，他们会提出自己的诉求，如果父母没有同意，他们会告诉对方自己为什么会有这样的需求，大方地与父母商量，而不用满地打滚之类的耍赖方式寻求满足。

当豆子在洗澡这件事上说"凭什么""为什么"的时候，我会问豆子："豆子，你想什么时候洗澡呢？"豆子说："我想过一会儿再去。""好，那我们10分钟后再去洗澡吧。"在这样的对话中，豆子会觉得自己是被尊重的，所以很多时候我会尊重豆子的意愿，问他"你希望怎么样"或者"你认为这件事怎么做比较好"。这样，豆子才能更好地接受规则，发展自己的能力，而不会因为被逼迫，无奈地完成某些事情。

父母可以改变自己，用更好的方式对待孩子：重复约定或者适当放权，给孩子自由，尊重孩子的想法。这些都是不错的方法。

我们要重视孩子的"讨价还价"，让孩子在这样的过程中发展自己沟通、思考等方面的能力；同时也要鼓励孩子表达自己的诉求，让孩子成为自信的人。

3.8 学围棋
——接受孩子本来的样子

小豆子故事场景 ／ 4岁9个月

看到老师和同学下围棋,我非常感兴趣,回家后我说:"我要学围棋。"上围棋课是一件很开心的事,我还交到了很多好朋友。有一天,老师奖励了我一张漂亮的小卡片,我高兴地用盒子将它收藏起来,对爸爸妈妈说:"我要拿到更多小卡片,把这个盒子装满!"

豆子学围棋,拿到第一张小卡片

豆子4岁多时开始学围棋。我们参观围棋培训学校的时候,看到了老师和小朋友在下围棋,豆子很感兴趣地在一旁观看。回到家后,豆子说他也想学围棋,我们当然支持。豆妈很开心,因为豆妈一直想让豆子"动静结合"地发展,而且老师说豆子很有下围棋的天分。

豆子很喜欢上围棋课,对每一次课都充满期待。在学习围棋的过程中,豆子还结交了很多好朋友。

第三章　尊重孩子的身心发展规律，才是亲子教育最好的方式
（4～5岁）

有时，围棋老师会在课堂上安排两人比赛，提前准备一些非常有趣的小卡片，以奖励的方式激发孩子们对"赢"的渴望。豆子赢得第一张小卡片以后，特意买了一个小盒子，然后信誓旦旦地说："我要拿到更多小卡片，把这个盒子装满！"

参加"打段"比赛

我们没有想过让豆子成为专业围棋选手，但是希望他能扎实地让自己的技法从低级慢慢升到高级，给自己的学习一个交代。

但豆子在晋二段时并不顺利，考了三次都没有通过，这让他很有挫败感。豆妈和我对豆子参加"打段"比赛的态度是不一样的。豆子从考场出来的时候，豆妈首先关注的是输赢，而我更想知道豆子对比赛的看法。

我们都知道，爱一个人就要接受他本来的样子，而不是把他改造成我们想要的样子。很多父母并不理解这句话，把自己的期望投射到孩子身上，把孩子当成实现自己期望的工具。

在陪豆子参加"打段"比赛的时候，有一个小朋友让我印象深刻。他输了一局，看到妈妈的那一刻，他哭了。我想他的心里肯定很难受，但是妈妈对他的委屈和难过视若无睹，只说了句："又输了，谁让你平时不好好练。"这位妈妈可能希望自己的孩子能"知耻而后勇"，接下来发挥得更好些。很可惜，这个年龄段的孩子并不理解这些，只知道自己让妈妈失望了，感到特别愧疚、难堪。

我并不认同这位妈妈对待孩子的方式，但我也没有资格介入，

只能在这个孩子再一次进入赛场的时候鼓励他:"加油哦,无论结果如何,我们都有机会继续努力!"

过高的期待令孩子无助

有些父母非常看重输赢,不管是在与兄弟姐妹的竞争中,还是在与其他人的竞争中,都不允许自己是输的一方,因此会把这种想法直接投射给自己的孩子,一旦孩子没有赢,他们的挫败感就会被激发。孩子并不了解父母内心的真实想法,只能从父母的表情中解读出:我很糟糕,让父母生气、难过了。孩子会因为不被父母认可而感到沮丧、无助,成年以后遇到无法面对的挫折或者完不成的任务时,他们可能会自责,甚至越来越自卑。

上面提到的那个孩子在晋二段的时候,和豆子一样,考了三次都没有成功,可能是压力太大导致他发挥失常。成年人也会这样,压力越大,越容易退缩。有时候输并非因为能力不够,可能是因为受到心态影响。当严厉的父母只给孩子一次机会或者要求孩子必须做到完美时,孩子就会因为感受到巨大压力而出现逃避性失误。

我接触过很多厌学的孩子,其中一个孩子让我感触很深。

他在初中时学习成绩一直名列前茅,进入重点高中后的第一次考试,他考了班级第十名,这是他考过的最差的成绩。从那时起,他就觉得自己是一个失败的人,无法专心学习,开始否定自己的实力,认为之前取得的高分都缘于好运气。这样的他没有办法继续在学校里学习,只能对父母说:"我无法适应这所学校。"父母对他说:

第三章 尊重孩子的身心发展规律,才是亲子教育最好的方式
(4～5岁)

"你不用太着急,我们对你的要求不高,你只要在全班排第五名就可以了。"听了父母的话,他的压力更大了,学习成绩不断下滑。

我去他家做家庭访谈的时候,发现了一个非常有趣的现象。他的父母都没有考上理想的大学,他们总认为自己非常努力,只是运气不太好。工作之后,他们非常勤恳,希望能在大城市立足,因此对孩子的期望比较高,不希望孩子以后像自己那么辛苦,希望孩子实现自己的理想。这个孩子为了满足父母的愿望,一直很努力,学习成绩也非常好,但一次挫折使他发现自己并没有那么强大时,他就感到无助。

我问他:"考不上理想的大学意味着什么?"他说:"我爸妈会很失望,如果我考不上理想的大学,我会觉得对不起他们。"他认为自己没有其他选择,考上理想的大学是他唯一的机会,不能有任何的失误。

对一个15岁的孩子来说,当他遇到自己不能掌控的困难时,他只能通过父母对自己的态度判断自己的价值,如果父母及时给予他鼓励而非指责或者督促,孩子就会觉得自己偶尔失败也是被接纳的,而不是跌倒一次就感觉一无是处。

拿"别人家的孩子"做比较令孩子自卑

带孩子学围棋的父母中有这样一位妈妈。孩子比赛输了的时候,她没有责怪孩子,而是指着那些赢得比赛的孩子说:"你看他们都通过了,他们一定很厉害,真的好羡慕啊。"她的语气似乎在告诉孩子,他们能力很强,你输给他们是自然的事。

孩子从妈妈的语气中感受到妈妈对自己的失望，觉得自己比别人差，流露出非常抑郁的表情。我接豆子放学时，总看到那个孩子一个人默默地坐着，不太愿意和其他小朋友一起玩，如果有人和他打招呼，他也会以一个礼貌的笑容回应，但笑得很勉强。

许多父母会用"别人家的孩子"和自己的孩子做对比，希望"别人家的孩子"能激励自己的孩子发愤图强，我们把这种教育方式称为"比较式教育"。我小时候也曾受过这样的教育，父母经常说："你看×××，他特别厉害。"这样的对比让我很自卑，我能感受到他们的失望，觉得父母并不爱我。

有些青春期的孩子和父母发生争吵就会说："别人家的孩子那么好，为什么不让他当你的孩子？既然我让你这么失望，你就当没有我这个孩子吧！"他们压抑已久的郁闷会爆发出来，变得很叛逆，甚至离家出走。

认可孩子的努力，关注孩子的情绪

每次豆子上完围棋课，我们都会交流。他在课堂上比赛赢了，我会鼓励他："不错哦！这段时间你的努力是值得表扬的。"豆子在"打段"比赛中没有晋级和他平时练习得少有关，豆子也承认了这一点。豆子比较好动，当下围棋变成要完成的任务时，他的兴趣就会不断减少，主动练习会变成应付式的回应。

当我们对孩子的兴趣投入太多期待时，孩子就会把兴趣变成必须要完成的任务，在这种情况下，孩子在学习时会非常被动，这将

第三章 尊重孩子的身心发展规律，才是亲子教育最好的方式
（4～5岁）

慢慢成为孩子和父母的一个冲突点。孩子之所以厌学，是因为在学习中被要求得太多了，父母不在乎他们的情绪，只在乎学习的结果；当他们发现没办法达到父母想要的结果时，就会直接放弃努力。

3.9 不想成为钢琴家
——不要用孩子的能力满足父母的自恋

小豆子故事场景 ／ 4岁10个月

妈妈希望我长大后成为钢琴家。刚开始我对弹钢琴很感兴趣,经常坐在妈妈身上快乐地拨弄琴键。后来,妈妈给我请了一位特别好的钢琴老师。但我好动,坐不住,我更喜欢阅读和做数学题。

痛苦的学钢琴经历

豆子有很好的阅读习惯,他喜欢看故事书和绘本。在他专注地看书时,我们不会打扰他;当他提出问题时,我们会及时回应,让他在阅读中感到满满的快乐。

兴趣和爱好能否持续,更多要看孩子是否能在其中获得享受。如果孩子从兴趣中得到快乐和满足,兴趣就会一直持续下去。

豆子觉得学钢琴很困难,是因为他并没有从中找到乐趣。

豆子4岁多时,豆妈看着豆子的手指说:"适合弹钢琴了。"刚开始，豆子非常主动地学弹钢琴，后来兴趣变得越来越小了。其实豆子对钢琴的兴趣来源于 4 岁孩子对所有东西的好奇，这种好奇也是大多数人做某件事时最重要的动力。每一次豆妈要求豆子弹钢琴时都非常严厉。豆子弹错一个音或手势不对，豆妈就会在一旁马上指正他；如果豆子"屡教不改"，豆妈就会生气，豆子也会委屈地哭起来。其实豆妈也很心疼豆子，但是有一个宏大的愿望在支撑着她：将豆子培养成为钢琴家！豆妈认为碰到困难就放弃的孩子长大后很容易被击败，所以对豆子的要求非常严格。

当豆子完整地弹出第一首曲子时，豆妈非常开心。开心之余，豆妈立刻有了新的期许：希望豆子的琴艺更上一层楼。豆妈给豆子请了一位音乐学院的老师，但是豆子的钢琴技艺并没有太大的进步，他甚至开始抗拒练习。

豆子六七岁时，在弹钢琴方面仍没有太大的进步，并且对钢琴的厌恶已经达到了说弹钢琴就痛苦的地步。他坐在钢琴前时，会弹两下就看一眼钟表。豆子已经没有任何主动学弹钢琴的愿望了，只是在满足豆妈的期待。后来在家庭会议上，我们和豆子讨论后，决定放弃让豆子学钢琴。既然豆子已经无法在学钢琴时获得任何乐趣了，即使我们感到遗憾，也应遵从他的意愿。

孩子的能力不应成为满足父母自恋的工具

豆子对数字特别敏感，每天都要花半个小时做数学题。有时豆子早上一起床，不刷牙、不洗脸就开始做数学题。豆妈给豆子买来一些小学数学课本，豆子非常感兴趣，一发而不可收。豆子坚持学了一年的数学后,他的数学能力已经达到小学三年级学生的水平了。

其实这也让我们很头疼,豆子太早接触新课程,会影响他正常的课堂学习。他上一年级的时候,发现老师讲的所有知识他都会了,因此对上数学课也没有太大兴趣,总是开小差。意识到这个问题后,我们开始控制他做数学题的题量。其实,作为父母,我们内心会有些沾沾自喜,因为豆子某些方面的优秀满足了我们的自恋,但这种沾沾自喜并没有冲昏我们的头脑,我们也不会因为孩子某些方面的能力像谁而争论。

父母在为孩子选择兴趣班的时候,会不自觉地把自己未了的心愿投射到孩子身上。豆妈把自己想当钢琴家的心愿投射到豆子身上,豆子弹得不好时,豆妈就会有挫败感。这种挫败感来源于豆妈本希望自己是个好妈妈,能让豆子变得更好,会得更多,但豆妈并未达成这样的愿望。我们称这种现象为"自恋性损伤",即自己无法完成某些事情时会产生挫败感。当孩子让父母的愿望得以实现时,父母的自恋就存在了;当孩子令父母产生挫败感时,父母就容易恼羞成怒,严格督促孩子做得更好,以达到自己的期望。

主动学习是保持兴趣的办法

保持兴趣的唯一办法就是主动学习,被动学习主要是因为恐惧——如果不学习可能会被惩罚。有些父母会对孩子说:"如果你不好好学习,我们就不要/不爱你了。"对被抛弃的恐惧让孩子顺从父母的期待,以此为导向的学习让孩子分不清楚哪些是自己喜欢的事情,哪些是为了满足父母而做的事情。

第三章 尊重孩子的身心发展规律,才是亲子教育最好的方式
（4～5岁）

如果孩子完成一件事后体验到的是快乐,那么孩子会很乐意主动去做这件事。豆子班上有两个小朋友的数学成绩比较差,豆子会像小老师一样教他们答题,这让他有了满满的成就感。快乐的体验促使孩子做事时更专注、投入,同时也因为能做到这些事情而越来越自信。

学会接纳失误

很多父母认为自己孩子的抗挫折能力不强,遇到困难的第一反应就是逃避。其实,不仅小孩会逃避,成人遇到无法应对的挫折时也一样想逃避,因为我们害怕承担后果。在孩子想放弃的时候,父母要及时鼓励孩子,允许孩子失误,并且在孩子出现失误时不要惩罚他们。这样孩子在面对挫折时才会有信心,才敢于努力尝试和投入。

给孩子一个机会,同时给自己一次宽容的成长机会。从容地接纳孩子的失误,帮助孩子不断提高抗挫能力。

当孩子看到父母遇到挫折时的态度是发怒,孩子会感到惊慌,甚至认同父母对待挫折的方式。有些父母陪孩子学习时,不像陪伴者,更像看守者,例如孩子的作业写错了,父母会烦躁地指责:"教了几遍了？怎么还不会？"这样一来,孩子在面对自己无能为力的事情时,就可能会摔东西、撕书本、狂叫,这些表现都源于对父母的认同。一位焦虑的妈妈告诉我:"我的孩子写作业写得很慢,要花费很长时间,我每天上班很累,还要陪着孩子做作业,我觉得他一点都不体谅我。"如果父母有这方面的焦虑,那么孩子也会感受到焦虑,

甚至会耗费更长的时间写作业。

父母意识到孩子没有养成主动学习的习惯时，应该接纳这一点，并且以积极的态度帮助孩子一起渡过难关，如此一来，孩子就会认为自己是被支持的，哪怕遇到困难，也愿意想办法克服。

保护孩子的"自恋"

保护孩子的"自恋"是非常有必要的。孩子的发展方向取决于父母的认知，以及父母对待孩子的方式。父母过度指责孩子的"自恋"会让孩子受到挫折，这将导致孩子向两个方向发展：自卑和自负。

在餐馆里，一个4岁多的女孩不小心把饮料打翻了，弄湿了旁边人的衣服，她的妈妈在向对方道歉的同时，还不断地数落她。女孩很委屈，她妈妈让她再去买一杯饮料时，她因为害怕自己再次把事情搞砸，拒绝了。在这个过程中，女孩的"自恋"被打破，开始不认同自己。如果女孩认定这是她的错，她就可能会因此自卑。假若女孩长期被如此对待，以后她遇到具有挑战性的事情时，就可能会认为"我做不到，我做不好，我可能做得很糟糕"。

如果她妈妈对女孩旁边的人说"不好意思，孩子还小，很多事情都在学习，请您谅解"，并且安抚孩子说"没关系，我知道你不是故意的"，孩子就能感受到妈妈对她的理解，在以后的生活中也能积极、冷静地面对挫折。

有些孩子认为自己"无所不能"，即使某件事情做不好也不是自己的原因，而是大人的错。实际上这是自负的表现，是保护自己自

第三章　尊重孩子的身心发展规律，才是亲子教育最好的方式
（4～5岁）

卑的方式。所以当豆子在吹嘘自己下围棋很厉害时，我会对他说："是的，你确实比以前厉害了，我相信你的棋技一定会超过爸爸的，加油哦。"

父母需要保护好孩子的"自恋"，引导孩子从"自恋"中发展出自信，这样，孩子在困难面前就会勇敢地承担自己的责任，而不是选择逃避。

3.10 去学轮滑啦
——父亲的参与让孩子在探索时更有安全感

小豆子故事场景 ／ 4岁10个月

今天，爸爸妈妈带我去学轮滑。进入轮滑场时，我不小心摔了一跤，屁股很痛。后来爸爸来陪我滑轮滑，也摔了一跤，我在一旁哈哈大笑。从那时起，我不害怕摔跤了。

最后，我学会滑轮滑了，我觉得滑轮滑是世界上最好玩的事。

豆子学轮滑

豆子在公园里看到别的小朋友玩轮滑，回家后说："妈妈，我也想滑轮滑，我觉得特别好玩。"豆子外婆担心豆子会受伤，但豆妈认为男孩应该拥有各种各样的技能，希望豆子可以挑战新事物，培养探索精神，于是同意了豆子的请求。

豆子第一次穿着轮滑鞋走上轮滑场时，既兴奋又害怕。每个人面对新事物或者具有挑战性的危险事物时都会感到害怕，这种谨慎心理其实是在帮助我们避免危险事件发生。

第三章 尊重孩子的身心发展规律，才是亲子教育最好的方式
（4～5岁）

不一会儿，豆子不小心摔了一跤。豆子外婆和豆妈非常担心，她们的紧张被豆子感受到后，豆子慢慢地挪过来对豆妈和外婆说："我摔得很痛。"豆妈特别心疼豆子。我对豆子说："豆子，爸爸也会滑轮滑，我们可以'比赛'。"

我很多年没有滑轮滑了，技能生疏了许多，当我啪的一下摔倒时，豆子在旁边哈哈大笑起来。我佯怒："臭豆子，爸爸摔得很痛，你还笑？"豆子说："我摔倒的时候也很痛，爸爸是不是屁股痛啊？"我很"坦然"地对他说："是的，爸爸屁股很痛。"强大的爸爸也会摔跤，豆子顿时觉得摔跤不是一件丢脸的事，而是学习轮滑的过程中必然会经历的事。慢慢地，他也没那么害怕摔跤了，反而更加认真地跟着教练学习。

父亲给予孩子安全感，帮助孩子学会更多技能

为什么孩子更愿意向爸爸学习技能呢？因为有力量的爸爸会给孩子安全感。

一个多才多艺的爸爸是孩子成长中的福利，他可以带孩子学习各种各样的技能，还可以陪孩子探险，让孩子更好地认识这个世界。

网络上有很多爸爸教孩子学习技能的视频，这些爸爸往往是某领域的"天才"，他们教孩子冲浪、滑轮滑、打鼓。这些爸爸都给孩子带去了力量。孩子在学习技能的过程中可能会遇到一些危险，但有爸爸在身边，孩子会安心。

有一天，和豆子同班的一个女孩在妈妈的陪伴下学习骑自行车。

她的妈妈在自行车后面紧紧地控制她前行的方向，可能觉得这才是对女儿的保护。女孩过于依赖这种保护，即使已经掌握了平衡技巧，仍然不会骑。每当妈妈要放手的时候，女孩都会害怕得大叫，妈妈只好把自行车控制得更紧一些。

我在一旁看了一会儿，忍不住对她的妈妈说："我帮你。她可能已经学会骑自行车了，但你的保护让她认为自己做不到。"于是我扶着女孩的车，并且不断地鼓励她，让她慢慢地往前骑。当她表示想要自己试一下时，我给予她支持和鼓励，并且帮她做好安全防护，如检查她是否戴好膝盖护具、头盔等。她骑的时候，我在旁边跟着她跑，但没有扶着车，事实证明，她是可以做到的。她稳稳地刹车之后，我对她说："其实叔叔刚刚没有扶着你，只是待在旁边，你看，你已经学会骑车了。"女孩在那一刻既诧异又高兴。

有时候，孩子对未知事物的恐惧是自然的情感反应，只是这种恐惧被焦虑的、过于谨慎的妈妈放大了，以至于孩子受到妈妈情绪的影响，学习技能的动力减弱。

有些妈妈甚至不允许孩子进行任何探险活动。虽然她们在理智上认为孩子需要学习各种技能，但也会找"孩子现在还很小，还不需要学这些"等借口，不给孩子尝试的机会。慢慢地，孩子什么都学不会，妈妈反而抱怨孩子没有能力。

实际上，过度保护就是对孩子发展的阻碍，这对孩子的成长很不利。这种过度保护来自这些妈妈对自己的同情。如果妈妈觉得自己没有得到很好的爱护，就会扮演一个过度保护孩子的角色。当孩子因为遇到挫折或者意外而受到伤害时，妈妈会非常焦虑或者自责，认为是自己的错。她们之所以这样想，实际上是因为自恋

第三章 尊重孩子的身心发展规律，才是亲子教育最好的方式
（4～5岁）

的心态使她们完全把孩子当成了自己，她们还处在和孩子共生的状态中，孩子没有被很好地照顾会打破她们的自恋价值。

小时候，我妈妈不让我学游泳，总担心会发生意外。后来，我爸爸带我去游泳时，就在一旁看着我，让我自己在泳池里练习他教我的动作。他一发现可能有危险，就会马上把我举起来，这让我觉得很安心。

其实，爸爸也很爱自己的孩子，他们会让孩子自主学习技能，是因为他们会做风险评估，有保护孩子的力量。所以，当孩子需要学习技能时，可以让孩子的父亲参与进来，这样孩子会更有安全感，更相信自己有能力完成学习。

3.11 我很喜欢狗狗
——宠物带给孩子存在感和成就感

小豆子故事场景 ／ 4 岁 10 个月

我很喜欢大狗。见到狗狗,我一点儿不怕,还会很开心地和狗狗互动。有一天,我想把一条狗狗带回家,可妈妈说家里不能养狗,我很难过。奶奶家有一条很可爱的狗狗,在奶奶家时,我每天都会带它出去玩,有时候我还和它说悄悄话,这是我们之间的秘密。

豆子想养狗狗

在我小时候,家里养过一条狗,它陪伴了我 14 年。因此,狗狗对于我而言是非常亲密的伙伴,我对它们有一种独特的感情。

4 岁多的豆子接触过很多小动物,例如小猫、小狗、小金鱼和小乌龟等,但是他似乎更喜欢狗狗,有时还会和邻居家或者花园里的狗狗一起玩耍,并且玩得很尽兴。有一天,他看到一条非常可爱的哈士奇,想把它带回家,但当时我们居住的条件并不适合养狗,因此这件事就作罢了。为此,豆子难过了很长时间。

第三章　尊重孩子的身心发展规律，才是亲子教育最好的方式
（4～5岁）

我非常理解豆子的感受，孩子有想照顾宠物的愿望，表明他想通过照顾别人体验成就感。虽然我们家不能养狗，但这并不影响我鼓励豆子和小动物友好互动。

我父母家养了一条阿拉斯加犬，每次放假回去时，豆子都和那条狗形影不离。豆子一大早就会带着狗狗出去散步，狗狗也非常喜欢与他互动。豆子和狗狗之间发生了很多有趣的故事，他还用纸盒给狗狗做了一个"家"。

放下对宠物的焦虑

在家中养宠物总会引起一些人的焦虑。比如，一些人担心宠物身上会有寄生虫或细菌，所以禁止孩子养宠物。其实，在一般情况下，如果不是对动物的皮毛或者气味等过敏，只要做好检查和防疫工作，孩子的健康就不会受到影响。

还有一些曾被动物伤害过的人会把恐惧投射到孩子身上，认为小动物都会伤害人，孩子不应该接触小动物；孩子也会逐渐认同父母对待动物的态度。有一种焦虑叫"迫害焦虑"，即觉得周遭的一切都是不安全的，所有的事物都会伤害我们。如果我们把这样的焦虑传递给孩子，孩子长大了以后也会对周围的一切感到害怕。

宠物，很好的陪伴者

在一些家庭里，父母会在孩子3岁左右时培养孩子照顾宠物的

能力，例如，让他们负责给宠物准备粮食和水等。但也有许多父母为了让孩子把精力都放在学习知识和技能上，不让孩子做这样的事。这就使孩子失去了一个给予爱和感受爱的机会。

◇ 宠物让孩子感受到爱护

现在许多家庭里都只有一个孩子，父母可能因为工作或者其他原因，陪伴孩子的时间较少。因为缺少倾听者和陪伴者，孩子肯定会感到孤独。如果家里有一只宠物，那么它将是孩子最好的陪伴者。每个人的生活中都有"重要他人"，即当某一客体对我们的心理、人格影响重大时，他就会成为我们生命中重要的一部分。孩子在缺乏陪伴的时候，就可能会把对父母的感情转移到宠物身上，用宠物替代父母。宠物像"重要他人"一样陪伴孩子，孩子感受到的爱护就像"重要他人"给予的一般。

我小时候就有这种体验。因为我妈妈比较忙，每天都只有狗狗陪我玩。妈妈下班很晚，狗狗愿意陪我一起坐在门口，等妈妈回来。后来上了小学，狗狗也会在校门口接我放学，就像我的保镖一样。我受委屈的时候，就会带着狗狗去跑步，因此我俩的感情非常深。孤单的童年里有它陪伴我，我感到很幸运。

我们小区里有一个小女孩经常带着她的泰迪狗散步，并且不停地和那只狗狗说话，虽然我听不清她说了什么，但是从表情上看，她似乎在向狗狗诉说自己的烦恼，这时候狗狗就是小女孩的陪伴者。

第三章　尊重孩子的身心发展规律，才是亲子教育最好的方式
（4～5岁）

◇ **宠物让孩子体会存在感**

4岁多的孩子能力越来越强，有时会做出一些让父母头疼的事情，于是很多父母开始责怪孩子，但是这个阶段的孩子很叛逆，不仅不听话，还会和父母对着干。其实孩子并不是真的叛逆，他只是想在这样的过程中证明自己的存在。

当父母成为引导者或教育者时，孩子需要陪伴的愿望往往会被忽略。有些父母认为孩子一个人在家会很无聊，就给孩子报了很多兴趣班，却不知道孩子更希望得到陪伴。其实，带一只宠物回家，也可以解决孩子无聊的问题。宠物可以成为孩子的陪伴者，因为宠物需要孩子的照顾，并且能给孩子无条件的积极回应，会让孩子觉得自己很有存在感和成就感。

每个人都渴望获得有价值的体验，当我们为他人或者社会出一份力时，我们就会产生价值感，觉得自己对于他人或者社会是重要的存在。即使父母真的无法陪伴孩子，也要常常让孩子参与到家庭活动中，只有这样，孩子才会感到存在的意义。

让孩子与宠物一起长大

更多接触除人类以外的其他生物，对孩子拓展视野有很大帮助。如果孩子能与宠物建立良好的关系，那么孩子的各种能力将在关系中得到发展，这将对孩子的生活产生积极的影响。

我曾养过一条金毛，后来因为工作原因，我拜托一位朋友帮忙照顾它。这位朋友的孩子非常喜欢这条金毛，并且很快与它建立了

良好的互动关系。这个孩子本来做作业时总是拖延,自从金毛到他家了以后,他每天都会自觉完成作业,然后带它出门散步,还会把自己喜欢喝的酸奶与它分享。孩子的变化让他的父母既惊奇又欣慰,觉得之前那个不愿意与人分享的淘气小孩已经消失了。

在照顾和陪伴宠物的同时,我们还可以对宠物进行教育、驯化。在驯化宠物的过程中,我们的耐心也受到了训练,我们的生活也会变得充实。例如,你早上带着狗狗一起跑步,既训练了狗狗,也锻炼了身体。

我建议父母让孩子与宠物亲密互动,特别是独生子女。家庭里养一条小狗、一只小猫或者其他宠物,不仅能让孩子得到陪伴,也会让孩子在照顾宠物的过程中得到成长。孩子和宠物一起长大,这是一件多么美好的事情。

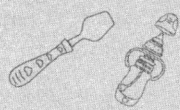

第四章　为孩子建立与世界
　　　　良好接触的桥梁

（5～6岁）

第四章 为孩子建立与世界良好接触的桥梁
（5～6岁）

4.1 我想去游乐场
——帮助孩子顺利度过成长过渡期

小豆子故事场景　／　5 岁

　　我有一个梦想——去游乐场的成人区玩游戏。成人区有大转盘、大摆锤，还有很刺激的过山车，真希望我能快快长大，这样我就可以玩很多好玩的游戏啦！

　　儿童区的过山车和大滑梯也是我的最爱，无论玩多少次，我都觉得很有趣。有时我会在上面和爸爸妈妈打招呼，他们也会大笑着回应我。

游乐场的诱惑

　　成都有一座叫"国色天香"的游乐场，豆子5岁时去过一次，之后念念不忘。游乐场分儿童区和成人区，豆子对成人区里大转盘、大摆锤、过山车等游戏项目很感兴趣，但成人区的游戏项目对身高有要求。豆子虽然有点失落，但并没有强烈要求玩，他的规则意识特别强，知道有些规则不能打破，因此他特别希望自己能快快长高。

　　儿童区也有过山车，要求大人必须陪同孩子一起坐。豆子很喜欢玩过山车,他兴奋地拉着我和豆妈连续玩了 5 次。豆子虽然喜欢多次重复玩同一个游戏,但他很遵守游戏规则,玩滑梯和旋转木马时,不仅自觉排队买票,还提醒我们注意安全。尝试新游戏前,豆子会询问豆妈的意见,如果豆妈不同意,他也不会无理取闹,而是陪着豆妈在等候区里休息。在豆子的这一成长阶段中,我们的沟通似乎变得很顺利。5 岁左右的孩子再次进入依赖妈妈的阶段,时刻关注妈妈和自己在一起是否开心,也非常在意父母对自己的态度。如果父母给予孩子赞赏和鼓励,孩子就会变得很自信,也会有较强的秩序感。这是一个孩子让父母省心的时期,但持续的时间不会太长,一般只有半年左右。

自我控制力增强期

5 岁的孩子会在权衡利弊中学会自我控制。豆子非常喜欢吃冰激凌,有时我们会提醒他:"豆子,你今天已经吃两个冰激凌了,你如果还吃的话,就不能看动画片了。"豆子权衡了一下,说:"我已经吃饱了,明天再吃吧。"有时实在受不了冰激凌的诱惑,豆子会和我们讨价还价。在学习权衡的过程中,孩子的自我控制能力会不断提升,如果这时父母没有及时肯定孩子的这种能力,那就有可能伤害到孩子的自尊,而且孩子也会不认同自己的积极行为,逐渐进入"我行我素"的状态里。

第四章　为孩子建立与世界良好接触的桥梁
（5～6岁）

道德感形成期

两三岁的孩子还不具备判断力，因此无法明白"大道理"，孩子到了5岁多的时候就有了道德感，对好坏、对错已经有了非常清晰的概念，能正确判断某件事是否违背了规则。如果做某件事让他们觉得很羞耻，那么他们就可能会放弃。他们这样做不是因为害怕，也不是因为在意别人的看法，而是因为他们的内心有一些准则和标尺。这些道德标尺会成为他们的行为规范，慢慢地也会变成他们为人处世的原则。

这个时期的豆子对好坏、对错也非常敏感，他放学回来时会说："今天小辉不好好吃饭，午睡的时候还大叫，他不是好孩子。"如果做了不好的事情，他会觉得很羞愧，而且他非常重视老师奖励的小红花，认为只有好孩子才能得到小红花。有一次，豆子对豆妈说："我们班有同学在课堂上说话，被老师批评了，上课说话是不对的行为。"这时豆妈在忙其他的事情，顺口说："既然你已经知道这是不好的行为，那你就不能这样做了。"犯错的不是豆子，听到了豆妈这样说，豆子特别委屈地坐在沙发上不说话了。

对这个时期的孩子来说，父母告诉他们基本的标准后，他们自己就会衡量某件事能不能做。例如，一个5岁多的孩子不小心打碎了碗时，会内疚地主动捡起碎片，因为他知道自己做错了事。所以，父母要在孩子的道德形成期里给予孩子认同，这有利于孩子形成自主意识，长大后不总是依赖父母的建议。

帮助孩子顺利度过成长的敏感期是对父母们的一个重要考验，父母们既要掌握孩子们的成长规律，也要不断学习，为孩子们建立一座与世界良好接触的桥梁。作为父母,我们不能过度约束孩子,要让道德成为孩子的内在力量,帮助孩子更好地成长。

保护孩子脆弱的情感

这个时期的孩子情感比较脆弱,当遇到困难时,他们会本能地寻求父母的帮助和支持。豆子想玩让他有点害怕的游戏时,会拉着我或者豆妈一起玩,因为这样能让他觉得安全。

孩子的情感脆弱还常常表现为失落,当孩子发现自己做不到某些事情时,会产生失落感和挫败感。例如,豆子知道成人区的游戏有身高限制后就有点失望。父母在这种时候要注意,不要伤害孩子的情感。如果父母用嘲笑、否定、责怪的方式对待孩子,那么孩子就很容易受到伤害,并且觉得自己很糟糕。

有些孩子长大后遇到一些意外时,无论是不是自己的错,都会主动承担全部责任。例如,当朋友向他们借钱而他们无法提供帮助时,他们就会认为自己是不仗义的人,甚至责怪自己。这是因为在他们幼年时,他们的情感没有得到很好的对待,以至于长大成人后的他们不清楚朋友间的界限,不能客观地明确自己的责任,也不能正确认识自己的能力。

此外,这个时期的孩子还常在感到委屈时,不哭不闹地静静待在一旁或默默流泪。父母们要能体察孩子的情绪,增加和孩子交流的时间,满足孩子的一些情感需要。

第四章 为孩子建立与世界良好接触的桥梁
（5～6岁）

别让孩子形成无法摆脱的心理创伤

5岁左右，孩子进入成长过程中的敏感期，在孩子遇到困难时，父母应该做引领者和支持者，帮助孩子顺利渡过这个关键期。反之，如果父母用严厉的方式对待孩子，那么孩子会觉得不被理解，这种挫折感会让孩子无法建立正常的人际关系。

当孩子知道自己做错了事时，他会主动说"对不起"，希望得到父母的谅解。他是非常真诚的。如果父母接受孩子的表达，那么孩子就不需要过度承担责任。

一位女性来访者曾向我讲述她的创伤经历。她5岁时，她的父母要求她在亲戚面前表演才艺，但她在表演时跳错了一个节拍，她的父母并没有安慰她，而是觉得很丢脸，责备她："你平时不是跳得很好吗？今天怎么跳成这个样子？"从那以后，她开始害怕跳舞，更没有勇气在大家面前表演，最后她放弃了舞蹈。

我问她："你当时最渴望父母如何对待你？"她说："我希望他们可以安抚我，对我说'没关系，你跳得很好，这次只是有一点儿小失误而已'。"从她的讲述中，我能感受到她的失望。只因跳错了一个节拍，就被父母批评，被大家取笑，这种被责怪的体验让她害怕表演，也不能很好地进入人际关系。

有一次，公司要举行庆典，要求她表演舞蹈，这对她来说是一种折磨，练舞时出现一点失误，都会让她联想到小时候被父母批评的情境，于是她开始失眠、焦虑，无法完成公司交给她的任务。

幼年时的创伤体验影响着成年后的我们，而这些创伤体验往往来自我们最亲近的人。如果父母不能很好地保护5岁左右孩子的敏感内心，那么他们的心中就会有无法摆脱的创伤阴影，长大后就可能会变成不自信的人。

第四章 为孩子建立与世界良好接触的桥梁
（5～6岁）

4.2 小朋友受伤了，我很害怕
——出现意外，首先要安抚孩子的情绪

小豆子故事场景　／　5岁

今天，我在幼儿园和小朋友玩的时候，不小心碰倒了一位同学，他的额头磕到了桌子上，流血了。我很害怕，躲在一边哭了。我哭着告诉爸爸："我不小心碰倒了同学，他流血了。"爸爸告诉我："没事的，爸爸妈妈会处理好这件事情，这不是你的错，只是一个意外而已。"

幼儿园的"流血事件"

豆子读幼儿园大班时，遇到了一起"流血事件"。一天放学后，豆子和几个小朋友在教室里打闹，豆子跑得太快了，一不小心把前面的小朋友碰倒了，小朋友的额头磕到了桌子上，流了很多血。

豆子看到血害怕极了。幼儿园老师马上通知家长，我和豆妈在外地出差，无法及时赶到，只能先让豆子外婆去幼儿园陪着豆子。豆子外婆到幼儿园以后，看到豆子伤害了别人，无法接受，于是也哭了。乖巧伶俐的豆子竟然给别人造成了伤害，这打破了外婆对豆

子的认知。

事后,我问豆子当时的详细情况,他哭着说得零零散散,还说他不知道如何面对这种情况,只能蜷缩在角落里哭,后来看到外婆也哭了,他更加不知所措了。

我回家后,陪着豆子去看望了受伤的小朋友,并且真诚地向对方道歉。小朋友的家长很通情达理,相信豆子是无意的,最后两个小朋友握了握手,再次成为好朋友。

出现意外,首先安抚孩子的情绪

发生幼儿园的"流血事件"后,豆子晚上会做噩梦,也不太有食欲,甚至因为害怕伤害到其他小朋友,不敢再去幼儿园。我安抚豆子的情绪,告诉他:"没事的,爸爸妈妈会处理好这件事情,这不是你的错,只是一个意外而已。豆子只要记得,下次不能再在教室里和小朋友互相追着打闹,很容易误伤其他小朋友。"那时的豆子非常敏感、脆弱,我们只能一直陪伴着豆子,让他感到安全。

有些家长发现孩子与他人发生冲突时,就会愤怒地为孩子讨回"公道",最后让两个孩子之间的摩擦发展成家长之间的恩怨,导致两个孩子不知所措。他们认为这样的做法可以安抚孩子的情绪,但是在某些情况下,这将会影响孩子以后处理冲突或者危机的能力。其实孩子在遇到这种情况时更希望得到安慰、包容和接纳。

孩子一旦发现自己的行为给别人造成伤害,会产生很强的愧疚感。豆子觉得自己让小朋友受伤了,他很内疚。此时,父母采取错误的处理方式可能会让孩子的愧疚感更强烈。如果在发生这类情况

第四章 为孩子建立与世界良好接触的桥梁
（5～6岁）

时，父母强烈指责孩子，孩子就会更加愧疚，这类不愉快的体验可能会影响孩子以后的成长。

我的大儿子龙龙在小学二年级的时候也碰到过类似的事情，他被一起玩游戏的小朋友推倒了，眼睛碰到书桌角上，流了很多血，万幸伤在眉毛边，眼睛没有受到伤害。那个小朋友看到我的时候，整个人都在哆嗦，我蹲下来看着他说："叔叔没有怪你，龙龙也没有责怪你，你们是很好的朋友，我知道你不是故意的，这只是一个意外，没有关系的。"我不想让这件事情导致他们两人之间产生隔阂和芥蒂，也不想让这件事给犯错的孩子造成影响，毕竟这只是一个意外。

在孩子遇到这类意外状况时，我们首先要做的是安抚孩子的情绪。受伤的孩子和伤害他人的孩子在意外发生时都非常害怕和恐慌。受伤的孩子特别害怕伤害再次发生；伤害别人的孩子可能因为愧疚而无法面对对方，进而排斥与对方的接触。如果处理不好，意外事件就将影响孩子以后的生活，给孩子造成严重的心理创伤。所以，比起追究谁对谁错，安抚孩子的情绪才是最重要的，让孩子感受到被保护和被理解才是处理这类危机时最重要的原则。

如果有一天孩子回家后，突然变得很反常，不愿意吃饭或者待在房间里不愿意说话，家长需要特别注意，一定要向孩子了解发生了什么事情。一些意外事件对孩子的伤害非常大，如果这时父母不给孩子提供帮助，孩子会觉得难以承受，很恐慌。

4.3 我把房间的墙刷成绿色了
——让孩子在家里获得充实的存在感

小豆子故事场景 ╱ 5 岁

> 家里买了新房子，我可以装饰自己的房间啦。我希望我的房间里有绿色的墙、白色的床，还有一个大大的书柜。爸爸妈妈觉得我的想法非常棒。我们一起把房间的墙刷成了绿色，特别漂亮。车位也是我摇号选的，这让我很有成就感。

孩子需要存在感

豆子 5 岁的时候，家里买了新房子，豆子非常开心，他对房子的装饰和车位的选择都有很强的参与意愿。

我们尊重豆子的想法，按照他的要求，和他一起把他的房间刷成了浅绿色，还给他买了一张白色的小床和一个大书柜。在选择车位时，豆子要摇号，我们也尊重他的参与热情，让他来摇。在决定一些事情时，如果我们无法采纳他的想法，就会和他讨论利弊，并告诉他无法采纳他的想法的原因，让他有满满的参与感。

第四章 为孩子建立与世界良好接触的桥梁
（5～6岁）

当孩子提出自己的意见或者想法时，父母应给予重视，让孩子在感受到自己存在价值的基础上学会相互尊重。

孩子会从父母和家人对待自己的态度中获得存在的价值感。当然，这种价值感不是稳定的，稳定的价值感主要来源于"我对他人或者社会有所贡献"的感觉。如果孩子在参与家庭活动时做出了贡献、对他人提供了帮助，他们就会形成稳定的价值感。

一些被无条件满足的孩子并不会有很高的价值感。父母或者照料者没有给孩子设定任何规则，会导致孩子认为自己所做的一切都是被允许的，他们的世界里只有自己，没有其他人。这样的孩子缺乏合作意识，也不会做出任何妥协，一旦得不到满足，就会用攻击的方式让对方产生愧疚感。

有些父母非常宠溺孩子，甚至替孩子包办一切，不让孩子为任何家庭事务忧心，这种看似很重要的存在价值其实是虚幻的。他们的孩子无法理解父母的意图，只会一直把自己定位为"什么都不需要操心的宝宝"，一切都依赖照料者。这样的孩子长大后，也会缺乏自信，无法进取和创新。

幼年时在家里获得充足存在感的孩子，长大后会有很高的自我价值感，整个人都会散发自信的气质。而那些不被满足、不被尊重的孩子长大了以后会成为什么样的人呢？

一位女性来访者曾告诉我，她特别害怕接受别人的礼物，无法享受收到礼物的快乐，每次都会买一份更贵重的礼物送还对方。我们真心实意送给别人礼物，其实是在表达善意，如果对方能开心地接受，这种交流就会让人际关系变得更加和谐。她为什么不能接受别人的礼物,甚至会感到害怕呢?因为她觉得自己是没有价值的,不值得被人表达善意。我对她说:"别人送给你礼物可能是因为喜欢你,你不需要因此愧疚,只要开心地接受就好了。"她很惊讶地说:"这怎么可以?"

她小时候家里经济困难,父母经常把"我这是为了你"挂在嘴边。慢慢地,她觉得父母的辛苦因她而来。她有需要时也不敢向父母表达,因为父母为难的表情让她更加愧疚。"穷人家的孩子早当家",有些父母刻意给孩子制造一种匮乏的感觉,让孩子感觉自己得到了很大的恩惠、父母做出了很大的牺牲。这些父母利用孩子的愧疚感控制孩子,让孩子更加顺从。

这样的孩子内心会有一个愿望,希望有一个不让自己愧疚又能满足自己的人出现。我的一位来访者就是这样,她总是向丈夫抱怨:"为什么你不能主动满足我的愿望?"所谓"主动满足"是指虽然她没有主动提出要求,但她的丈夫也应该知道她的想法,然后满足她。当她的丈夫无动于衷时,她就对丈夫充满怨气。她害怕自己的诉求被拒绝,所以不敢表达,但内心又希望得到满足,于是就会向丈夫抱怨。

请给孩子足够的重视

如果孩子在幼年时没有得到足够的重视和满足,那么他们就会在以后的成长中用其他方式让身边的人注意自己。我和豆妈意识到了这一点,因此当豆子向我们提出他的建议和想法时,我们都尽量接纳、给予尊重。因此,豆子也能尊重他人的想法,不会一味地要求被满足。

第四章 为孩子建立与世界良好接触的桥梁
（5~6岁）

豆子有时会对外婆说："外婆，你辛苦了，我帮你揉揉肩。"外婆有时会取笑豆子，说："哎哟，豆子终于懂事了，知道外婆辛苦啦。"

其实当豆子外婆这样说时，豆子的感受并不好。我会向豆子外婆建议："豆子想帮忙时，您只要坦然接受就可以了。只要您接受了，豆子就会很开心。"因为豆子的好意被接受了，他才会有价值感，才会因为自己在他人的生命中是重要的而有存在感。

有些孩子感觉自己在家里没有获得足够的重视，就会通过做一些恶作剧或者故意捣乱的方式引起父母的关注，这就是"熊孩子"产生的原因。如果孩子在家中没有得到足够的爱或满足，心里就会产生一种怨恨之情。孩子一开始会把这种恨意大声地表达出来，如果在表达后仍然没有被重视，他们就会与家人对抗——"既然你看不见我、不能够满足我，我就要用对抗得到你的重视"。

他们高声喊叫、捣乱、反抗其实是希望"被看见"，如果这样的方式仍不能让他们被关注，他们可能会采取极端的方式，如打架、自虐或自杀。如果做了这些之后，他们依旧得不到关注，他们就可能会自暴自弃，甚至排斥与他人接触，让自己陷入封闭、郁闷的状态中。所以，当爱成为恨时，父母可能要反省自己是不是太忽略孩子了。

4.4 和家人一起去旅行
——让孩子勇敢地面对未知

小豆子故事场景　／　5 岁

爸爸说，这个世界很大，他要带我去看看。5 岁的时候，爸爸开着车带着我和妈妈去呼伦贝尔大草原，那里真的很大，草也很绿！回到幼儿园，我兴奋地和同学们分享旅行的趣事，作为"小明星"的我收获了许多粉丝。

走，我们去呼伦贝尔大草原

豆子喜欢各式各样的交通工具：坐火车的时候，他想成为一位火车司机；坐飞机的时候，他觉得开飞机很酷，想成为飞行员。因此，为了满足豆子的好奇心，拓展他对世界的认识，我们每年至少带他出去旅行一次，慢慢地，这也变成了他心中最大的期待。

豆子在绘本上看到草原时感叹："我好想去看大大的草原啊！"于是在做旅行规划时，我们参考了他的意见，最后决定去呼伦贝尔大草原。这一年，豆子 5 岁。在自驾途中，豆子非常开心，偶尔会

第四章 为孩子建立与世界良好接触的桥梁
（5～6岁）

问一些让我们捧腹大笑的问题。豆子对汽车非常感兴趣，我换车胎的时候，他会在一旁紧紧盯着，问我："爸爸，轮胎为什么会'泄气'，为什么要换啊？"

当我们到了呼伦贝尔大草原时，豆子非常兴奋地在草原上奔跑，笑声不断。他在绘本上看到草原时也知道草原很大，上面有很多青草，但是真正到了呼伦贝尔大草原后，无边无际的草原给他的强烈视觉冲击才让他对草原的辽阔有了切切实实的体验，他会说："哇，原来草原真的这么大啊，太棒了！"这是实践检验后的感慨，而不是对想象中虚影的描述。

我们会尽量满足豆子的好奇心，让他与大自然有更深的接触。遇到一个漂亮的湖泊，我们就会停下来待一会儿，尽情地享受大自然的美丽馈赠。如果拍两张照片就走了，孩子就无法体验到湖泊的美，更无法拥有在湖边沙滩上堆城堡的回忆。对孩子而言，参与其中就是最好的体验。豆子随时会有新奇的构思，告诉我们："妈妈，我堆了一个怪物城堡"或者"爸爸，我挖到了一些有趣的宝石"。有时候他希望车能开在草原上，有时候又想让车开在小路上，因为在小路上行驶的车里有颠簸感，豆子觉得上上下下特别有趣。

豆子从呼伦贝尔大草原回来后，很兴奋地和幼儿园里的小朋友们分享旅行中的趣事，也在和小朋友们交流时，很认真地倾听其他小朋友的旅行分享。放学后，豆子说："爸爸妈妈，我们下次再去其他好玩的地方。"

资深心理师育儿手记（3~7岁）

在旅行中，孩子可以学到什么

带孩子旅行不是一件说走就走的简单事，作为父母的我们需要做好一些思想上的准备。

◇ **快乐是被允许的**

有些家庭的氛围很压抑、很紧张，没有什么快乐可言。

一位女性来访者告诉我，她的妈妈很少与外界接触，情绪也比较抑郁，不关注她的情绪。她5岁时就学会了察言观色，即使在外面玩得很开心，回家后也不敢和妈妈分享，她认为妈妈不开心的时候自己不可以那么开心，对妈妈怀有非常强烈的愧疚感。有一天，她在幼儿园里和小朋友玩得特别开心，高兴地打开家门时，却看见妈妈在昏黄的灯下发呆，她连叫了三声"妈妈"，她的妈妈才回过头来。她被妈妈脸上的忧伤表情吓了一跳，觉得自己对不起妈妈。从那以后，她一回到家就投入悲伤的氛围，觉得只有这样，才能被妈妈认可。在她的潜意识里，她认为快乐是不被允许的，甚至是一种罪。成年后的她脸上也总带有阴郁的表情，这变成了她内在的气质。

愉悦、轻松的家庭氛围是孩子形成好性格的重要因素，旅行就是让孩子感受这种氛围的好机会。在保证安全的前提下，尽量满足孩子体验的要求，让孩子在与家长的亲密相处中体会到家的意义和快乐的力量。

第四章 为孩子建立与世界良好接触的桥梁
（5～6岁）

◇ **让孩子与世界、社会、他人和谐相处**

读万卷书还要行万里路，读书能学习更多的知识，行路则会让我们真正体验不同的风土人情，并且在心中形成对事物的看法。

我们在旅行中也可能会遇到很多志同道合的朋友，很多时候，我都支持豆子与陌生的小朋友展开互动，提升交往能力。

豆子7岁时，我带他出国。他在游轮上认识了4个来自不同国家的小朋友，虽然他们听不懂对方的语言，但玩得很开心，他们的交往需求都获得了满足。

◇ **在互动中传递价值观**

旅行可以帮助孩子在不断的体验中构建属于自己的价值观。父母向孩子传递价值观是非常重要的。

在旅行中，家庭成员24小时在一起，旅程就成为对孩子言传身教的过程。当孩子看到父母遵守交通规则、不闯红灯、不随地扔垃圾、尊重当地的风俗等行为时，孩子就会无意识地向父母学习。父母的行为让孩子进一步知道：这个大千世界可以更有序。

◇ **扩大孩子的心理安全区，让孩子勇敢地面对未知**

我们总是对未知的事物充满强烈的向往和好奇。绘本上的大草原远远没有真实的大草原那样具有视觉冲击力，所以，我们真正接触想象中的事物，梦想变成现实时，自然会获得一份掌控感和成就感，心理舒适圈，或者说心理安全区也自然会扩大。

许多"留守儿童"在进入陌生的环境时会退缩，就是因为他们已经习惯待在安全的环境里,即使特别渴望和别人建立关系,也仍会对外界不可控的、未知的东西保有天然的恐惧感。没有人告诉他们、向他们示范"我是如何与世界接触的",所以他们不知道如何面对陌生的环境。

言传不如身教

有些家庭因为物质条件不充裕,无法带孩子去旅行,但鼓励孩子拓展未知的领域同样能影响孩子的成长格局。

虽然有些家庭物质条件充裕,但父母没有带领孩子探索未知世界的意识,回到家里就自顾自地玩手机。孩子看到父母宁愿玩手机也不愿意陪自己出去玩,会很失落,或者会替父母找借口:"爸爸妈妈很辛苦,如果我再提出要求,那我就是一个给别人添麻烦的人。"这类孩子的自我价值感自然会比较低,他们长大后在人际关系中也容易牺牲自己满足他人,希望以这种方式获得别人的认同,一直活在别人的眼光里。

我希望豆子有自主意识,并且内心是自由的。我们在旅行中一直向豆子传递这样的价值观:敞开心扉与他人接触,接纳新的生存环境,不惧怕新的挑战。

第四章 为孩子建立与世界良好接触的桥梁
（5～6岁）

4.5 骑车摔倒了，很痛
——鼓励和肯定让孩子更有力量

小豆子故事场景 ／ 5岁

我经常在小区里骑自行车，一边骑，一边开心地大叫。爸爸妈妈夸我骑得好。可是有一天，我骑车时摔倒了，很痛。

从摔倒中学到疼痛共情

豆子是小区里特别有名的"自行车男孩"，每天晚饭后，他都会在小区里骑自行车，边骑车，边开心地大叫。我要求他不能骑出小区的大门，因为小区门外车多人多，他可能会遭遇危险。

豆子骑车骑得很好时，我们会给予他肯定和鼓励，但有时豆子骑得特别快，摔倒后表现得很痛苦，希望豆妈把他扶起来。他对豆妈依然充满依赖。有一次，豆子骑车又摔倒了，豆妈问豆子："摔倒了是不是很痛？"豆子说："是的。"趁着这个好机会，豆妈开始教育豆子："你摔倒了，很痛，妈妈很心疼你，如果你还骑这么快，撞倒了别人，别人摔倒了，是不是也会很痛？"豆子想了想说："当然会很痛。"豆子感同身受了，这是一个非常好的共情检验机会。

共情是我们建立人际关系的重要基础之一，如果一个人连共情的能力都没有，就无法和别人建立人际关系。有些父母觉得孩子不体谅家人，原因就是孩子不具备这种共情能力。从那以后，豆子骑车不再横冲直撞，当发现前面有人的时候，他会刹车和按铃，我们会表扬他的行为。

恰到好处的挫折，有助于自恋发展为自信

豆子骑自行车摔倒时，我们不会说"以后不要再这样做了，很危险"，而是鼓励他自己站起来。

在这样的过程中，豆子明白了何为"安全地带"。安全地带非常重要，一个人在童年确立了安全地带，成年后就会明白安全地带有多大，自己的活动区域就有多大。如果安全地带很小，我们就会害怕周围的事物，不敢尝试，陷入"习得性无助"的心理状态。遇到挑战时，我们就可能不断暗示自己"我不能，我做不到，我不行，我害怕"，让自己变得越来越无力，继而放弃尝试，然后不断责怪自己，陷入悔恨。

心理学家认为，如果一个人在其自恋的发展过程中遇到一个恰到好处的挫折，自恋就会发展为自信。自信的人做每件事情前都会做出评估，不会因为害怕失败而缩手缩脚。因此，从自恋状态进入到自信状态，孩子需要历经恰到好处的挫折。如果他们遇到的挫折让他们难以承受，他们就会陷入"习得性无助"的反应模式，呈现出极端化的状态——自卑或自负。

第四章 为孩子建立与世界良好接触的桥梁
（5～6岁）

他们认为自己没有价值，需要奢侈品或者其他东西武装自己，至少让自己看起来比他人更有价值。挫折除了让人自卑外，也会让人自闭。一些自闭的孩子会陷入网络游戏中，抗拒与外界接触，因为在网络游戏里他们可以不断重新启动新一局游戏，遇到困难时，可以随时切断一切，重新开始。

自负的人觉得自己"无所不能"，对很多事情不屑一顾，习惯站在更高的位置看待周围的一切，如不相信自己做不好，认为自己可以做得比任何人都完美。自负的人并不能很好地建立人际关系，因为他们害怕别人知道自己目空一切的背后什么也没有。

赞赏和肯定对孩子很重要

豆子经常吹牛，说："我游泳很厉害的，30秒可以游500米哦！"这时我们会说："豆子，如果你认真训练，一定可以达到，加油！"这是父母对孩子的一种肯定。

道德感很强的父母在听到孩子这样说时，会批评孩子："你怎么可以吹牛呢？你根本就做不到！"孩子听了会很受打击，可能不再吹牛了，但会失去自信，这类孩子会有两种表现：一是还没有尝试就认为自己做不到，二是以某种极端的方式向父母证明自己可以做到。

在某些家庭中，如果父母经常夸奖一个孩子，而忽略了对另一个孩子的肯定和认同，那么这个一直生活在兄弟姐妹阴影下的被忽略的孩子，在感到失落的同时也会产生强烈的嫉妒；即便他没有表现出嫉妒，暂时表现得顺从、乖巧，但是在未来的某一天，嫉妒也会喷涌而出。

因此，孩子尝试做一些事情的时候，父母要鼓励和肯定孩子，并且要做到对所有孩子一视同仁，这对孩子的成长是非常有利的。

促进孩子成长的两种力量

"成长张力弧理论"认为孩子的内心就像一面镜子，如果孩子经常得到父母的鼓励和认可，他的内心就会映照出美好的自己。无论孩子的进步多么小，父母都肯定孩子的努力，那么孩子就能从这些认可中看到更好的自己，变得更加自信。

孩子会把父母理想化，认为父母有"无所不能"的强大力量，父母的认同可以促进孩子的成长。例如，豆子看见我把坏掉的吸尘器修好了，特别崇拜我，也想成为像我这么"厉害"的人。

有些父母看到孩子摔倒了，就觉得是自己的责任，愧疚不已。他们细心地保护孩子，不允许孩子参与冒险行为。假若孩子遇到危险时，不知道如何应对，只会紧张地等待被救援，其能力的发展就会受到阻滞，他本人也无法产生积极的成就体验。

有些孩子做错了一道题，他们的父母就会数落他们："你怎么这么笨啊""这道题不是学过了吗"……这些羞辱性或指责性的言语会使孩子不认同自己，对学习逐渐失去兴趣。学习没有给孩子带来成就感时，孩子就不会主动学习。

有两种力量可以共同促进孩子的成长：一种是推动力，经常肯定孩子的父母能给孩子提供强大的推动力；另一种是拉力，理想的父母带给孩子榜样的力量，这一力量拉动孩子的成长。这两种积极的力量可以帮助孩子发展能力，建立自信。

第四章 为孩子建立与世界良好接触的桥梁
（5~6岁）

父母对孩子过度保护会阻碍孩子能力的发展和自信的形成，孩子也就不会有充满成就感的体验。

在成长的过程中，孩子需要尝试不同的事物，学习新技能。父母在孩子进行尝试时的态度将会影响孩子的一生。

4.6 有个女孩，是"青梅"
——如何更好地讲解性

小豆子故事场景　／　5 岁

　　我有一个好朋友，我们经常分享彼此的好东西，有时我们会说只有我们俩才听得懂的悄悄话。在我 5 岁生日的那天，她穿了一件漂亮的新疆裙来参加我的生日会，我好开心啊！

小"青梅"来参加豆子的生日会

　　豆子有一位小"青梅"，从幼儿园小班开始，他们就是好朋友。他们经常一起玩耍，互相分享零食和玩具，有时他们会在休息日相约去公园玩或者去图书馆看书，他们还会讲一些他们之间才听得懂的悄悄话。

　　我们要庆祝豆子 5 岁生日，豆子自然邀请了这位小"青梅"，也邀请了其他几位要好的小朋友。当时，女孩穿了一件漂亮的新疆裙。吃完蛋糕后，小朋友们在一起玩游戏。有一位妈妈打趣女孩说："今天穿得那么漂亮，豆子是不是你的男朋友呀？"女孩害羞地脸红了。

第四章 为孩子建立与世界良好接触的桥梁
（5～6岁）

豆子马上说："我才不是她的男朋友呢！"然后转身跑开了。他们之间似乎产生了小小的隔阂。

很多孩子在5岁以后已经清楚地知道男孩和女孩的差别，也知道了什么是所谓的"男朋友""女朋友"。所以，他们俩有这样的反应是很正常的现象。大人某些自以为是的玩笑会影响孩子之间的关系，孩子无法理解大人脸上的暧昧笑容，只会留下不好的回忆和体验。我对豆子说："你们还是可以一起玩的，因为你们是好朋友，她穿漂亮的新衣服来参加你的生日会是想表示对你的尊重，说明她很珍惜你这个朋友。"

请别把性教育当成玩笑

这个年龄段的孩子对性比较好奇，会问父母"我是怎么来的"。有些父母羞于解释，无法正确解答这个问题，会说"你是妈妈从垃圾桶捡来的""你是从石头里蹦出来的"。这样的回答会让孩子没有安全感，以为自己是被抛弃的。

在孩子还没有形成正确的性意识前，有些大人喜欢和孩子开一些愚蠢的玩笑，混淆孩子的认知，有些玩笑甚至给孩子带来了难以磨灭的创伤。

我的一个童年玩伴被大人的愚蠢玩笑影响至今。在他5岁的时候，一些闲来无事的大人逗他："你知道你爸爸妈妈晚上在一起干什么吗？"他当时还小，不清楚大人的"八卦"，那些大人就逗他，甚至用一些粗俗的语言告诉他是怎么回事。后来他的父母知道了这件事，感觉受到了侮辱，打了他一顿，警告他以后不许再听这种事。成年后，他对性讳莫如深，见到女孩就会紧张、脸红，特别抗拒和异性接触。他觉得性是一件让他感到很羞耻的事情，但其实真正有问题的是那些闲来无事的大人，还有他父母的暴怒。这些体验直接影响了他和女性之间的接触，使他无法顺利进入亲密关系。

父母对性的态度会直接影响孩子

父母有时候会把自己对性的态度直接投射到孩子身上，孩子在无意识中也会认同父母的态度。例如，有些父母无法认同自己的性别或者认为性体验是糟糕的，所以他们把性当成一种禁忌，这直接影响孩子成年后和异性的接触。有些孩子成年后与异性接触时总会流露出一种似有若无的暧昧感，这实际上源于对性的误解。

在孩子 5 岁以后，父母应该避免与孩子有过多的身体亲密接触，这能帮助孩子更好地认知性。

网络上有过这样一则新闻：一个 4 岁多的小男孩亲吻了一个小女孩，女孩的妈妈觉得自己的孩子受到了骚扰，怒不可遏。其实这只是孩子间表示好感的友善行为，但这位妈妈把自己对性的态度直接投射到了孩子身上。她的怒火和过激反应，会让女儿认为这种行为是不好的、不能发生的。女孩长大了以后，当男性向她表示亲近的时候，她脑海中就会浮现出妈妈愤怒的脸，她只能在亲密关系中一再逃避。

因此，当孩子有了懵懂的性意识时，父母对孩子进行正确的性

第四章　为孩子建立与世界良好接触的桥梁
（5～6岁）

教育是非常重要的。

怎样进行性教育

原则上，男孩的性教育由爸爸做，女孩的性教育由妈妈做会更好。豆子5岁的时候，也开始对性好奇了，他会问男孩和女孩有什么区别。我们一起洗澡的时候，我会很认真地向豆子解释男孩的身体构造。

他很好奇成年男性身上为什么会有体毛，我告诉他："这是长大的一种表现，等你长到十五六岁时，你的身体会发生一些变化，你会有喉结，声音也不像现在这么稚嫩了，你也会长体毛，到那时，你就是一个大人了。"我还告诉他身体的哪些部位是别人不能碰的，如内裤覆盖的范围，我对他说："自己以外的任何人都不能碰这些部位，等到有一天你遇到喜欢的女孩，如果你愿意让她碰，她才可以碰。"豆子问："那妈妈和外婆也不能碰吗？"我说："等你慢慢长大了，妈妈和外婆也是不能碰的。"

父母应该懂得如何对孩子进行性教育，如何让孩子更好地保护自己，帮助孩子避免因为懵懂而受到侵犯。

实际上，无论是男孩，还是女孩，都需要保护自己。不要认为只有女孩会受到性侵犯，男孩也会受到同样的威胁。对孩子来说，这种威胁和侵犯是毁灭性的，有些人甚至一生都难以走出幼时被伤害的阴影。

如果孩子不幸被侵犯，父母如何给孩子做及时的心理疏导？第一，父母要安抚孩子的情绪，万万不能指责孩子，不要在孩子面前露出悲愤或难过的神色,这会给孩子很大的精神压力;第二,不要让孩子与侵犯者面对面对质,让孩子与创伤事件保持一定的安全距离,不要让孩子多次回想不愉快的记忆;第三,明确地告诉孩子:"这不是你的错,爸爸妈妈很爱你,你的朋友们也很爱你,我们大家都会保护你",让孩子感受到支持;第四,像平常一样对待孩子,陪伴孩子,不要刻意回避,也不要过于小心翼翼,尊重孩子的每一个想法和决定,让孩子感到被信任;第五,要坚持陪伴孩子走出阴影,尽管这可能是一个漫长的过程,但是没有什么比孩子的笑更重要。

第四章 为孩子建立与世界良好接触的桥梁
（5～6岁）

4.7 第一次独自飞行
——孩子需要作为独立的个体去经历风雨

小豆子故事场景　／　5岁9个月

　　妈妈在北京学习，暑假我要坐飞机去北京看妈妈。这次爸爸没有时间送我，我只能独自坐飞机了。我的航班延误了两个多小时，不过没关系，幸好我的小书包里有绘本和零食，这样我就不会感到无聊了。

豆子的飞行遇到麻烦

　　豆妈在北京学习，豆子很久没有见到妈妈了，恰巧放暑假，他希望假期能陪在妈妈身边，但是我刚好要去国外出差，没有时间送豆子去北京，所以豆子就要一个人坐飞机到北京了。独自坐飞机意味着他将脱离监护人的照顾，但在飞机上会有空乘人员陪伴他。

　　豆子的这一次飞行遇到了麻烦，他要乘坐的航班延误了两个多小时，这意味着豆子要一个人在候机大厅多等两个多小时。在前往机场之前，我和豆子设想了很多突发事件的应对方案，包括航班延误了该怎么办。我在豆子的小书包里准备了绘本、零食和动画片，这些东西可以很好地缓解豆子的焦虑，而且北京也是豆子非常想去的地方，他可以去看天安门、逛故宫，这些都让他对这一次飞行充满期待，也在一定程度上缓解了他的焦虑。

另外，我们陪豆子坐过很多次飞机，所以豆子对坐飞机并不陌生，他知道在飞机上如何打发时间，但这一次独自坐飞机对豆子来说仍是一次新尝试。

自我照顾是一种能力

当豆子发现飞机延误时，他并没有表现出烦躁、不安，而是一边看着绘本，一边吃饼干。在等待中独处，这是自我照顾能力的一种体现。

有些成年人发现身边没有人照顾自己时，会非常恐慌，好像被全世界抛弃一样，这是因为他们在幼年时没有得到足够好的照顾或者被过度照顾了。如果独处对他们而言是一件恐怖的事情，就说明他们还没有自我照顾能力。

虽然我也担心豆子会无聊、烦躁，但还是决定相信他。

豆子乘坐的飞机落地了，见到豆妈后，他兴奋地和豆妈分享飞行中发生的趣事。其实，5岁多的孩子大多已经具备自我照顾能力了，我们只需做好应对的预案，就可以帮助他们顺利度过独处的时间。

第四章　为孩子建立与世界良好接触的桥梁
（5～6岁）

给孩子创造照顾自己的机会

豆妈向其他妈妈分享豆子的飞行经历时，一些妈妈难以理解，她们问豆妈："你怎么放心让这么小的孩子独自坐飞机？""怎么相信空姐可以照顾好孩子？"这类妈妈对外面的世界充满不信任，不相信别人能照顾好孩子，不相信孩子能照顾好自己。她们认为只有自己才能照顾好孩子，因此不断地给孩子传递这样的信息：外面的世界不安全，妈妈会保护你。这种认知主要来源于这些妈妈对人际关系的谨慎，她们的孩子也会在她们的影响下对人际关系逐渐敏感，不容易相信他人，不愿意尝试新事物。

有些妈妈总觉得孩子小，没有照顾自己的能力，这类妈妈还不了解孩子的能力在每个成长阶段的发展情况。一般来说，5岁多的孩子已经有能力发展自己的人际关系，能清楚地表达自己的想法和需求，也具备了自我照顾的能力。她们因为每天和孩子在一起，反而没有意识到孩子正在慢慢长大。有的父母一直否认孩子具备这样的能力，是因为他们不想失去在照顾孩子的过程中获得的成就感和满足感，这些父母认为照顾孩子是自己的责任，如果孩子不需要他们了，他们会感到失落和空虚。

有些人认为父母应该陪伴孩子，避免让孩子一个人独处，否则孩子太可怜了。这种看法是错误的。被"无微不至"关怀的孩子才是可怜的，他们没有发展和独处的空间。这些人之所以有"独处的孩子是可怜的"这种想法，可能是因为他们把幼时没有得到陪伴的自己投射到了孩子身上，以至于他们不放心让孩子一个人坐飞机或者独自做其他事。到底是父母需要孩子，还是孩子需要父母？对此，很多父母是分不清楚的。

我们总希望通过某种方式让孩子获得理解世界的能力，在与世界的接触过程中有所体会，从而形成自己的人生观、世界观和价值观。因此，我们需要给孩子创造照顾自己的机会，而不是消灭这样的机会。

有一次，我在北京的一座机场候机时，看到一个9岁左右的小女孩委屈地对着电话，哭着说："我不想坐飞机了，我想回家。"原来，她在即将登机时发现登机牌不见了，无法登机。小女孩很焦虑，心情也很糟糕，没过多久，她就把机票退了。父母没有帮孩子学会独立以及如何应对突发事件，会让孩子缺乏自我照顾能力。

在飞行途中，豆子很好地照顾了自己，也感受到了空姐的体贴和乘客的友善。我庆幸豆子能在一个安全的环境中体会到他人的善意，并用同样的方式友好待人，与世界和谐相处。

孩子总要长大，他们需要作为独立的个体去经历外面的风雨。豆子在这次独自飞行中展现的自信说明他具备很好的自我照顾能力和独处能力，我为他感到自豪。

父母认同孩子的能力，会让孩子的价值感不断提升，相信自己是一个具有多种能力的人，并且把体验变成自己的人生经验，形成自己的世界观和价值观。这会对孩子的一生产生积极的影响。

第四章 为孩子建立与世界良好接触的桥梁
（5～6岁）

4.8 教爸爸玩游戏
——有序的竞争帮助孩子发展能力

小豆子故事场景 ／ 5岁6个月

我喜欢窝在沙发上看动画片。我特别喜欢看《熊出没》，每次看时，都会笑得满地打滚。

我还会玩跑酷类的电子游戏，爸爸还让我教他呢！

适当尊重孩子的游戏需求

现在许多孩子都对电子产品非常着迷，也特别喜欢看动画片，而5岁多正是孩子模仿能力最强的时候，因此，很多家长不允许自己的孩子看有暴力倾向的动画片，担心孩子会模仿里面的暴力动作。

豆子外婆也会严格控制豆子看电视的时间，担心看电视太久会影响豆子的视力，所以时间一到，外婆就会立刻关掉电视。但实际上，与其用大人的权威和对孩子的掌控权把孩子从他们喜欢的事物中拉出来，不如事先给孩子制定一些相对公平的规则，这样既不会让玩游戏或看电视节目等娱乐方式影响孩子的身心健康，又能让孩子从

资深心理师育儿手记（3~7岁）

其中得到乐趣或者学到一些东西。

从游戏中学习有序竞争

豆子特别喜欢玩跑酷类的电子游戏，每次玩到兴奋时都手舞足蹈。豆子的这些行为让外婆感到很无奈，因为外婆希望豆子"坐有坐相，站有站相"，豆子在玩游戏的时候根本不会注意自己的坐姿。因此，豆妈和外婆给豆子设定了玩游戏的规则：每次只玩30分钟。有时豆子因为太沉迷于游戏，会忽略这个规则，每当这种情况出现时，豆子玩游戏的机会就会被豆妈减掉一次。豆子显然有些失落，为了让豆子既学会尊重规则，又能继续在游戏中感受到乐趣，我和豆子约定好，每次只能玩两局，时间不限。在这两局中，如何让自己获得更多游戏时间，就要豆子自己想办法了。豆子非常聪明，他把这类游戏玩得出神入化，一局游戏玩了20多分钟才结束。

在玩游戏的过程中，豆子不断地想办法在自己能力范围内做到最好，也实践了我想传递给他的价值观：有序竞争。

有序竞争在人际关系中是非常重要的。我们在社会上经常看到有些人为了走捷径，变得很功利，甚至破坏规则。我们一旦破坏规则，就会遭到"报复"，最终得到的反而更少。例如，有些人不遵守交通规则，不系安全带，认为系安全带是为了应付交警的检查，最后发生了交通意外，甚至失去生命，所以为了一时之便而破坏规则绝不是正确的做法。如果一个社会不按照规则运行，就会导致严重的混乱。因此，培养孩子的有序竞争意识非常重要，我希望豆子日后成为对社会有价值的人，而不是规则的挑战者。

第四章 为孩子建立与世界良好接触的桥梁
(5～6岁)

在有序竞争的过程中，我们需要保护好孩子的自恋。例如，豆子玩游戏玩得很棒时，就会有优越感，如果这时我和他比赛并赢了他，他就会自卑，认为他无法超越我。如果一个男孩子在认同爸爸的同时又想超越爸爸，那么爸爸该如何"示弱"？我真诚地对豆子说："你玩得很厉害啊，能不能教教爸爸？"这种说法既保护了孩子的自尊心，又给孩子提供了超越的可能，可以帮助孩子增强自信，并让孩子认同自己是一个高价值的人。

请给孩子公平公正的对待

当孩子对看动画片和玩游戏着迷时，父母有可能会感到失控。父母可以给孩子制定一些合理的规则，不滥用大人的权威，让孩子满足自己的期望。其实，父母如果按照自己的期望塑造孩子，就会忽略孩子的本性以及孩子在每个成长阶段所呈现的正常状态等成长规律。

父母想掌控孩子的成长，而孩子则希望得到公平公正的对待，这一点被很多父母忽略了。孩子只有被公平公正地对待过，才能公平公正地对待社会和他人，更好地与世界保持和谐的关系，形成"我愿意投入我自己，给社会带来好处"的观念。

有一位男性来访者生活秩序混乱，经常夜不归宿，但他的父亲是一位成功人士，他与父亲的关系很糟糕，两人每次见面时都会互相攻击，父亲有时会羞辱他一事无成。他很自卑，很想改变自己的状态，但又发现自己无能为力。我问他，他的父亲在他心里的形象是什么样的,他说:"父亲是一个非常强大的存在,但是也给了我很大的压力。我做什么都不能让我父亲满意,所以我觉得很受挫,只能不断地用堕落麻痹自己。其实我只是想让父亲认同我一次,想让他夸夸我,告诉我,他对我很满意。"遗憾的是,他的父亲并不会这样做。他的父亲对孩子的期望很高,而这位男性成长的方向却与父亲的期望相反。我说:"你似乎在用你的失败来证明你父亲的失败,从而让你父亲痛苦。"他说:"确实,我每次闯祸,父亲都会勃然大怒,看到父亲拿我一点办法都没有,我心里很爽快。"

一些父母会因为孩子没有按照自己的期望成长而受挫,用羞辱或者责怪的方式摧毁孩子的自尊,希望孩子在受到羞辱后绝地反击,但是有些孩子在被羞辱后会彻底放弃自尊,因为他们知道父母无论怎么羞辱他们,也不会真正放弃他们,从而认为不需要改变自己的糟糕状态。看到他们这样的态度,他们的父母很焦虑,甚至觉得:"我怎么养了一个败家子!"但"败家子"产生的原因之一就是孩子没有被父母公平公正地对待,强大的父亲没有给孩子任何机会超越自己或尊重孩子的成长,因此,孩子以自虐的方式对待自己,而不是站在公平公正的位置上勇敢地面对自己和父母。

如果父母能够给予孩子关心和尊重,帮助孩子正确认识自己,那么孩子会更自信,并且会想要成为像父亲一样强大的人。即使没有子承父业,他们也会成为自己领域的佼佼者。

第四章　为孩子建立与世界良好接触的桥梁
（5～6岁）

父母的规则影响孩子的生存法则

在有序的竞争中，父母要给孩子制定相对公平的规则。**如果孩子能在相对公平的规则里完成自己的愿望，并且展示出自己的能力，那么规则就会被孩子内化，成为孩子的社会生存法则。**

但是如果父母内心的规则是不稳定的或与社会规则相悖的，那么孩子就会产生混乱的规则意识，成年后在社会中与别人竞争时，他们幻想中的规则就会阻碍能力发展。例如，我们认为"有付出才会有收获"，他们可能就会觉得"不付出也会有收获"。此外，如果孩子没有得到足够的尊重，他们可能就会以搞怪或者攻击的方式获得父母的关注，这种情况经常会发生在父子冲突中，一些暴力的父亲会使孩子变得更暴力的原因也在于此。还有一些孩子内心一直认同"谁更暴力，谁就更有控制别人的权利"的规则，所以他们也会以暴力的手段对待身边的人。

当孩子专注于他们喜欢的事情时，父母应该更宽容地对待他们，让孩子更有成就感。父母可以尝试从孩子投入的事情中发现积极的意义。

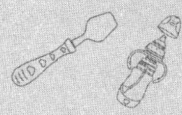

第五章　好父母给孩子爱与自由
（6～7岁）

5.1 语文考了 87 分
——权威，不是绝对的存在

小豆子故事场景　／　6 岁

  这次语文考试，我考了 87 分，我很不开心。回到家，我告诉爸爸妈妈："我做对了，可是老师判我错。"
  爸爸说："老师希望你能够按照书上的标准答案解答，但你没有，所以老师认为你做错了，但这并不代表你真的错了。"
  爸爸还说，这个世界上，每个问题的答案都不是唯一的，他希望我自己思考。

答案并非是唯一的

  豆子上了小学以后，迎来了很多新挑战。其中一个挑战是他对数学、阅读有一些自己的思考，但他的想法和老师的评价标准不一致。我不希望豆子是一个只服从于权威的人，我希望他对事物有自己的看法。

  在一次语文考试中，豆子只考了 87 分，他极不认可这一分数。大多数父母在孩子上低年级时，都希望孩子各科学习成绩在 95 分以上，认为这样才能证明孩子的学习能力不错。豆子考了87分，豆妈感到奇怪。看了豆子的试卷后，她发现了一个问题：豆子在回答某些问题时，答的是对的，但是老师还是认为豆子的答案是错的，原因是豆子没有按照标准答案解答问题。

豆子很困惑，6岁的他处在以自我为中心的状态中：一方面，他信服权威，嘴边总是挂着"我们老师说的"；另一方面，他带有一种天生的自信，不想否定自己，在自己的判断与权威的意见相左时，情感处于两极化的状态。"为什么我明明是对的，老师却不给我分数？"豆子的好胜心使他无法接受老师的一些判断，对豆子来说，考87分就是一次失败。

豆子很不开心，并且坚持认为自己是对的。我尝试向他解释："这个世界上没有唯一的答案，你的理解是对的，老师的做法也是对的。你现在还是学生，老师希望你能够按照书上的标准答案，但你没有解答，所以，老师认为你做错了，但这并不代表你真的错了。"

我不想他做一个"永远正确"的人，在漫长的一生中，他会遇到各种问题，我希望他了解每一种问题的解决方式都不是唯一的，老师也不是绝对的权威，我希望他自己思考。

尊重孩子，不要让孩子过度依赖权威

权威有存在的理由，但权威不是唯一的标准。如果我们一味依赖权威发号施令、判断对与错，可能会泯灭自己的个性，在我们的想法和权威不一致时，我们就会怀疑自己、丧失自信。

在我看来，老师有自己的职业特质和相对的权威性，我也相信

第五章 好父母给孩子爱与自由
（6~7岁）

绝大部分老师能够教育好孩子，但这并不代表所有孩子的想法和观点都要和老师一模一样。尊重孩子的感受还是有必要的，因为被尊重的孩子才可以发展真正的自己。

6岁的豆子对妈妈十分依赖，对自己的边界也很敏感。所以豆子在做一些事情前会问一下妈妈的意见，当妈妈的意见和他不同时，他也会表达自己的不满或者反驳妈妈，甚至和妈妈"对峙"。

这个时期的孩子非常敏感，有一种很强烈的自主性。很多父母反映自己的孩子特别固执，但对自己又特别依赖。一些孩子做作业时特别需要父母陪在身边，但是当父母给他们纠错时，他们却我行我素，固执己见，让父母抓狂。有些自怜的妈妈除了抓狂之外，还会感受到委屈，感觉自己为孩子牺牲了很多，孩子却不领情。

我一直认为学习是孩子自己的责任。在一个正常的家庭结构中，每个人都有自己需要做的事情和需要承担的责任，以及要发挥的职能。对一个学龄期的孩子来说，学习就是他的责任，学习知识和技能是他在这个阶段需要做的，是任何人都无法替代的。既然学习是孩子的责任，父母就不要过多干涉。陪伴孩子做作业也不是必需的，有的孩子上了初中，还需要父母陪着做作业，特别依赖父母的陪伴和监督，这些孩子一直没有为自己的学业承担起真正的责任。

所以，给孩子一点空间，让他们学着承担责任，他们的人生是他们自己的，权威没必要一直存在。

5.2 坏爸爸，我恨你
——惩罚孩子，父母意见要统一

小豆子故事场景 ／ 6 岁

今天爸爸打了我，我感觉很痛，也很不开心。爸爸是坏爸爸，我讨厌他。

在公园时，我还没玩够，爸爸妈妈就要带我回家了，我很生气，可是他们仍然不同意我继续玩。所以我一路上都在发脾气，甚至在妈妈去买创可贴时，把药店货架上的药都扔掉了。后来爸爸说回去会惩罚我。

爸爸从来没有惩罚过我，所以我不怕，可是回到家里以后，爸爸打了我的屁股，很痛，我哭得很厉害。

乱发脾气的豆子，第一次被体罚

豆子6岁的时候，自己的意见和主张越来越多。有一天，我们打算从公园回家时，豆子还想再玩会儿，但由于太晚了，我们没有同意他的想法。他一路上都在发脾气，豆妈在药店买创可贴时，他甚至把货架上的药往地上一扔，然后拼命喊叫"我还要玩"。

第五章　好父母给孩子爱与自由
（6~7岁）

我对豆子的行为只制定了三个原则，随着豆子年龄越来越大，我把这些原则清晰地告诉了他。

"第一，要尊重别人，善待别人，不能随便伤害别人。'别人'就是除你自己以外的人，尊重别人意味着你不能无缘无故地对别人发脾气，不理睬别人，鄙视别人，攻击别人。我和妈妈与你对话的时候，你需要认真地和我们沟通。你有权选择自己的朋友，但是即便不是你的朋友，你也要尊重他们。

"第二，为自己的言行负责。若一个人无法对自己说过的话、做过的事负责任，他就无法发展好与他人的关系、建立好自己的事业。想做出承诺时，要先思考，一旦许下诺言，就要为自己的诺言负责。如果你的某些行为造成了糟糕的后果，那么你需要自己承担这个后果。

"第三，不能撒谎，任何事情都可以通过沟通解决。对自己真诚的人更能被别人真诚地对待；一个经常撒谎的人，会怀疑别人也在撒谎，所以撒谎会导致你和别人之间的关系出现问题。你可能因为不敢接受某个结果或者某些人的态度想要隐瞒或捏造事实，但人生本身就是一个试错的过程，当你有一些失误时，我和妈妈可以宽容接纳，但是不允许你撒谎。"

我告诉他，今天的这种行为是绝对不允许出现的，因为他伤害了别人的利益，随便乱扔药店里的药就是不尊重别人的表现，而且他嘴里说"坏爸爸，我不要你了"，也是不尊重我的表现。俗话说"没有规矩，不成方圆"，如果孩子认为自己做什么都可以，他就会觉得自己可以掌控一切，自然不会尊重他人。豆子在药店里扔药时，我心里很恼火，我告诫他："回家以后爸爸会惩罚你的。"从药店出来后,豆子在马路上不停地乱走。我很愤怒,但没有立刻对他进行惩罚,只是把他拉到安全区域内。回到家,我告诉他:"因为你今天违背了我们之间定下的原则,所以我必须惩罚你,打你屁股。"豆子听后有恃无恐,因为我从来没有体罚过他。但是这一次他的做法确实突破了底线,所以他要接受惩罚。我惩罚他并不是为了表达我的愤怒,而是为了让他清楚他做错了事。许多父母在惩罚孩子前没有厘清这一问题,即惩罚孩子的原因是孩子违背了原则需要被惩罚,还是自己情绪失控了需要发泄,所以给孩子造成了心理创伤。

一些特别爱面子的父母因为孩子在人前犯了错,丢了他们的面子,就会很愤怒,会失控地对孩子做出一些事情。

我小时候在学校的表现不是很好,有一次爸爸因为被老师叫到学校,十分愤怒,一见到我就扇了我一个耳光。虽然爸爸事后觉得很内疚,但这件事给我的心灵造成了深深的伤害。

我说清要惩罚豆子的原因后,让豆子趴在床上,打了他屁股三下。豆子很伤心地哭了,他感到疼,而且这是他第一次受到惩罚,他很难过。我让他自己哭了一会儿,因为他的情绪需要表达。然后,我告诉他:"爸爸妈妈很爱你,但你今天的行为必须受到惩罚。"等到豆子的情绪慢慢平复以后,他打开门,站在门口回头说:"坏爸爸,我恨你!"那一刻我并没有生气,相反,我感到欣慰,因为豆子还能自由地表达情绪和情感,说明他仍然信任我。

第五章 好父母给孩子爱与自由
（6～7岁）

原则与惩罚

如同破窗理论，底线一旦被打破，就没有任何规则可言了，因此，要教会孩子在面对一些事情时必须守住底线和原则。当然这些底线和原则并不是我一个人制定的，而是我和豆子一起协商形成的，类似于承诺。豆子被惩罚之后，才知道有些原则是不能打破的，哪怕挑战一下都是不行的。就如同我们不能挑战法律底线一样，一旦挑战了法律底线，我们就会受到相应的惩罚。

我不是一个崇尚暴力的人，也不认为体罚是最好的惩罚方式。父母应顾及孩子的感受，绝对不能在人前体罚孩子，那会让孩子感到特别羞耻，甚至可能导致孩子在心中积累怨恨，不再信任父母。所以，我没有在任何人面前惩罚豆子，而是回到家中单独和他说清楚后才惩罚他。

关于惩罚，父母需要注意什么

◇ 在惩罚孩子的时候，家长的意见需要统一

如果一方要惩罚，另一方要阻止，孩子就有可能观察双方的态度，然后寻求庇护。一旦得到庇护，孩子以后还会继续用这种方式逃避惩罚。在有些家庭里，家长对教育孩子的意见不统一，父母想要惩罚，但宠溺孩子的老人不同意，老人就成了孩子逃避惩罚的庇护伞。

◇ 父母要控制自己的情绪

冲动是魔鬼，当我们愤怒到极点时，做出的举动往往只是为了发泄。

一旦孩子在外面哭闹不听话，一些父母的情绪就会失控，会向孩子发泄情绪。父母没办法察觉并控制情绪，孩子在成长过程中就会遭殃。

我们知道自己在做什么，就说明我们还存有理智；如果我们没法察觉自己的想法和行为，孩子可能就会沦为我们发泄情绪的工具。

有些父母平时在外与他人交往时很和善，是讨好型的人，但回到家里以后，对自己的家人特别尖锐、苛刻。他们在外面受到了不公正的对待，心里压抑了很多愤怒时不敢表达，却在家里伤害他们最亲近的人，因为他们认为亲人不会离开他们，孩子就自然成了他们发泄愤怒和怨气的工具，这对孩子的伤害是非常大的。

有一位来访者从小到大都被父亲打骂。他长大后各方面都很优秀，工作也不错，但是并不快乐。有了孩子以后，他希望自己能够更宽容地对待孩子，不要让发生在自己身上的悲剧在孩子身上重演。但是孩子犯了两次错误以后，他就失控了，把孩子暴打了一顿。孩子犯错的时候，他体验到了小时候的感觉，把孩子当成伤害自己的人，所以打了孩子。

心理学上有一个专业术语可以解释这种行为——与攻击者认同，也就是说，被暴力对待的人以后可能会成为施暴者。因为他们不想成为被暴力对待的、无助的、受伤的孩子，抚平心理创伤的唯一方式就是成为施暴者，所以那位来访者也变成了他爸爸的样子，他的孩子沦为了他发泄情绪的工具。

关于惩罚的一些小建议

惩罚之后，要给孩子一个表达情绪的机会，这样的机会对悲伤或产生强烈情绪波动的人来说是非常重要的。如果打了孩子，还不让孩子哭，那孩子就只能自我攻击了，他会觉得自己是这个世界上最孤单、最悲伤的人。

如果一个孩子在受到惩罚之后，没有机会表达情绪，还被要求马上道歉，他的感受会非常糟糕，觉得没有人真正爱护自己，没有人懂得自己的感受。

因此，关于惩罚，我认为体罚不是最好的方式，如果真需要体罚，也不要当众进行，要清楚地告诉孩子惩罚他们的原因。当然，一个家庭中家长的态度、认知、观点要一致，这样才能起到教育的作用，否则可能会适得其反，影响亲子关系，给孩子造成创伤性体验。这种体验会在孩子成年后的人际交往中被触发。所以，我建议那些无法控制自己的情绪、经常通过体罚孩子发泄愤怒的父母自我察觉。如果真无法控制自己的情绪，那么请在育儿前先育己，先和孩子一起学习、成长，成为一个成熟的、人格完整的人。

最后，如果你没办法解决自己情绪上的问题，也许是因为你的创伤还没有化解，现在正在将自己曾受到的伤害复制到孩子身上。这时，你也可以寻求专业人士的帮助。

5.3 在学校里遇到了麻烦
——胆小怕事，不是善良，而是恐惧

小豆子故事场景 ／ 6岁

我被学校的同学欺负了。

我很矛盾，很想与同学打一架，可是我又害怕打不过他。我告诉了爸爸，爸爸说："如果对方是两个人，你是不是可以寻找一些帮手，在气势上震慑他们一下？"我问爸爸："那如果只有我一个人怎么办？"

爸爸说，我可以学习跆拳道之类的技能，反击同学，打不过就跑，反正不能随便逆来顺受，实在不行，我可以告诉爸爸，爸爸帮我解决。

我听了爸爸的话，勇敢起来，最后那个同学虽然对我也不是很好，但是他再也不欺负我了。

告诉孩子，遇到欺凌要反击

豆子刚上一年级就遇到了麻烦。豆子班上有几个孩子攻击性非常强，经常欺负同学。每个学校可能都有这样的孩子。有一个孩子下课后经常惹豆子，推他或者盯着他，豆子不知道该怎么办。

第五章 好父母给孩子爱与自由
（6～7岁）

我问豆子："那个小朋友欺负你，你想怎么做？"

豆子说很想打他，可是对方比较厉害，而且还有同伴。

我又问："当他欺负你的时候，你害不害怕？"

他说："有一些害怕。"

我告诉他："害怕是很正常的，他欺负你的时候，其实他也很害怕，只是他的害怕没有表现出来，他看到你没做出任何反抗，他的害怕就消失了，反而越来越大胆。"

我接着问豆子："你有没有朋友？"

豆子说有。

我告诉他："如果对方有同伴，你是不是可以寻找一些帮手，在气势上震慑他们一下？"

他说："可以，那如果只有我一个人怎么办？"

我给豆子提供了几种应对方式，供他选择：

"第一，他再来欺负你的时候，你要跑得比他快。打不过就要跑，千万不要让别人伤到你。

"第二，你完全可以反击他。打不过也没关系，如果你想学习保护自己的方式，爸爸会陪你学武术或者跆拳道。当然，学习武术和跆拳道不是为了打人，而是为了自我保护。

"第三，告诉爸爸，如果真有什么问题，爸爸一定会处理好的。"

那位同学再次欺负豆子的时候，豆子似乎不那么害怕了。有一天豆子对我说："我已经很郑重地警告他了，如果他再这样欺负我的话，我会打他的。"当时，那个孩子对豆子的话不以为意，继续碰撞豆子的身体，豆子在朋友的保护下进行了反击。自此，那个孩子虽然对豆子还是不友善，但不再欺负他。我称赞他说："当你学会了自我保护之后，别人就不会随便欺负你了。"

父母的态度直接影响孩子

我的一位朋友曾采访过很多被霸凌的孩子。她发现了一个让人震惊的现象：很多被霸凌的孩子在小时候根本没有学习过自我保护，而且他们父母的人际关系调节能力和对冲突的处理能力都比较差，这些父母大多都是"老好人"，遇到矛盾时习惯于忍让。他们不愿与他人发生冲突的价值观和人际关系处理方式直接影响了孩子。

一些孩子向父母反映自己被别人欺负时，父母却用一种类似指责的语气反问他们："他为什么不欺负别人，而欺负你呢？"似乎孩子被别人欺负是孩子的错。长此以往，习惯于被如此对待的孩子会把问题归咎于自己，以后即使再次被欺负，或者遇到其他任何事情，都会选择主动承担责任，但过度承担会让他们的内心特别委屈，也会扭曲他们的世界观。

有些父母会让孩子在受欺负之后告诉老师，让老师来处理孩子遇到的问题。他们的孩子确实听从父母的建议，将自己的遭遇告诉了老师，但是这种方式可能使孩子的处境更糟糕。因为孩子如果到了一定的年龄还不具备自己处理问题的能力，只依赖老师，就可能会被同学们瞧不起、边缘化，因为没有人喜欢"打小报告"的人。

在受到欺负时，有些孩子无法自我保护。他们十分委屈却没有可以诉说的人，会逐渐陷入"习得性无助"的状态。

父母面对挫折和困难时，如果只会抱怨世界的不公，却不愿意做出努力和改变，就会传递给孩子一种观念——一旦遇到矛盾和冲突,我没有任何办法,我是无能为力的。他们的孩子认同了这种行为模式,会和他们一样不自信,遇到危险或者被欺负的情况时,只能缩成一团。

胆小怕事,不是善良

我们越对外界充满恐慌,就越希望这个世界公平、公正,没有危险。如果父母习惯于做"老好人",听到孩子被欺负的事时,就会压抑自己的攻击性,同时也希望孩子压抑自己的攻击性,也变成"老好人"。

"为什么童年的记忆特别真切?那是因为它们是最初的人生体验,带着某种特殊的味道",一个孩子的性格由幼年的经历塑造而成,每一次经历都会在孩子的成长过程中留下记忆。

我不希望豆子将来成为一个只会取悦别人却并不信任别人的人。胆小怕事,不代表善良,而是因为恐惧。一个有自我保护能力的人是自信的,可以应对外界发生的一切,而不是遇到问题就选择逃避或者依赖他人的帮忙。

我在工作中遇到过很多抑郁者。他们把自己归为胆小怕事的人,遇到困难或有压力时倾向于自我攻击,不知道该怎么办,迈出改变的一小步对他们来说都是很困难的。他们的性格即源自童年记忆。

让孩子具备自我保护的能力

有些孩子在学校被霸凌后,会感到羞耻、无助,甚至怨恨自己,他们丧失自信、拒绝沟通、切断人际关系,甚至精神失常。受到霸凌的他们再面对困难和矛盾时可能只会逃避。

我也受到过霸凌。我刚从农村转到镇里上学时,经常被很多同学取笑,也没有朋友,很多人欺负我。有人下课后把墨水涂在我的脸上,还有人因为我的棉袄(因为家境困难,我的棉袄是由妈妈的女式棉袄改成的)取笑我,这些都让我感到屈辱。但是我的父母觉得我能转学到那所学校已经非常好了,所以希望我能大事化小,小事化了。有一天,我和一名同学打了一架后,忽然发现自己获得了尊重,再也没有人欺负我了,我的朋友也渐渐多了起来。

但是,不是每一个孩子在这种事情上都可以"自学成才"。父母如果一味地让孩子学习忍让,压抑自己的攻击性,甚至急于否定孩子的一些想法,对孩子的伤害更大。

有一些冲突需要孩子自己解决,我们要尊重孩子的决定,当孩子自己处理人际关系时,我们要在旁边给予他们保护和支持。父母应该让孩子避免受到伤害,而不是对孩子过度保护。

有这样一位妈妈,她的孩子在学校里和别人打闹时受了一点儿伤,她马上冲到学校,要求学校把伤害她儿子的人开除。从那以后,很多同学开始慢慢疏远她的儿子,因为大家都特别害怕这位妈妈的歇斯底里。因为她的表现,她的儿子没办法在同学里立足,他在小学阶段一直很孤单,没有好朋友,这给他的童年留下了阴影。

这个世界很大,不管父母的保护罩多么坚固,孩子总有一天将

第五章　好父母给孩子爱与自由
（6～7岁）

独自面对外面的风雨。我们需要教孩子保护自己的方式，让他们具备自我保护的能力。

有心理学理论认为，攻击是人的一种本能，存在于我们的基因里。**如果过早地用"我们需要做好人"为由压抑我们对外的攻击行为，那么我们的攻击性就只能对内表现，最终攻击状态将在某个场合或者某个时间被激发出来。**我们为什么有时会无缘无故地责怪自己？为什么会抑郁？因为我们觉得自己非常糟糕。我们为什么觉得自己和这个世界格格不入？因为我们觉得自己不配得到世界的尊重。要想让孩子在被欺负时很好地应对并保护自己，就不能剥夺他的本能。

5.4 生病了,我想吃冰激凌
——不要让孩子为获益而生病

小豆子故事场景 / **6岁**

> 我从小爱吃冰激凌,有一次我发烧了,特别想吃冰激凌。外公外婆都不让我吃,说生病了不能吃冰激凌,吃了会加重病情。爸爸妈妈咨询医生后,同意让我吃一点儿,我太开心了,旋转跳跃,哈哈哈。

生病了,可以吃冰激凌吗

豆子非常爱吃冰激凌,即使在寒冷的冬天也爱吃冰激凌。据我观察,冰激凌的冰冷是他的身体可以承受的,对他的肠胃影响也不是很大。

当然,孩子们的体质各不相同,父母们要根据孩子的身体状况,判断孩子能否吃冰激凌。

有一次,豆子生病发烧,特别想吃冰激凌,豆子的外公外婆坚决不同意。大多数老人都不允许孩子在生病的时候吃生冷的食物,担心孩子的病情加重。外公外婆的顾虑是有道理的,孩子发烧时肠

第五章　好父母给孩子爱与自由
（6～7岁）

胃消化能力弱，冰激凌刺激肠胃也许会加重肠胃的负担。

在咨询医生后，我和豆妈同意让豆子吃一点儿冰激凌。孩子生病了，父母肯定会担心和心疼。我和豆妈也不例外，看到豆子病了，会心疼他，但不会有过度担心和焦虑。豆子在病中已经很难过了，在不影响他恢复健康的情况下，适当满足他的需求也是可以的。还好，豆子吃冰激凌后没有一点不适感，体温也没有太大变化。

尽管豆子的外公外婆不赞同我们的做法，但也没有阻止，尊重了我的决定。这也关乎边界的问题，毕竟抚养孩子的责任主要是孩子父母的。

什么是疾病获益

没有哪个孩子自出生起从不生病。许多父母在孩子生病前和生病后，对待孩子的态度会截然不同，有时甚至是两个极端。孩子生病前，他们对孩子很严厉，孩子生病后，他们却对孩子极度宽容、过度照顾。

心理学上有一个词——疾病获益，意思是如果我们生病后能获得一些益处，我们就很可能为了得到益处而生病。

豆子上小学时班上有位女同学，平时她父母对她的要求非常严格，态度很严厉，让她学的东西也很多，不太懂得倾听她的声音。女孩虽然看上去特别乖巧、温顺、柔弱，却经常给父母和老师"添麻烦"。她经常上课时腹泻，而且不是装出来的。她的妈妈带她去医院做检查，但没有发现任何问题，后来医生提醒她："也许孩子生理上没有问题,是心理因素导致她生病的。"由此,这位妈妈找到了我。我问她:"你的女儿生病和不生病时,你都是如何对待她的?"这位妈妈告诉我,她的女儿不生病时,每天的兴趣班都排得很满,有舞蹈、英语、绘画……还要完成兴趣班的作业,而且在学校必须门门功课争第一。如果女儿没有达到这些目标,她就会生气,并且责怪女儿。但只要女儿生病,她就心如刀绞,态度会极大地转变,基本上所有事情都由着女儿,不会对她提严苛的要求,而且很关心她,会破例让她做平时不允许她做的事情。例如,女儿一直很想和她睡同一张床,女儿生病时,她为了让女儿舒服些,也为了照顾女儿方便,就会答应女儿的这个要求。

这位妈妈很焦虑,通过她的描述,我们能看出来她的女儿对她有一种既敬畏又依赖的复杂感情,腹泻能让她的女儿获得很多自己一直渴望得到的东西。

许多孩子在上学前和妈妈长时间待在一起,对妈妈很依赖。上小学后,孩子要和妈妈分开,进入一个新的环境,面对比幼儿园时期大得多的学业压力,自然会感到恐慌,身体会产生反应。而那个女孩的父母对她的期望和要求又很高,所以她就产生了腹泻的躯体反应。如果她妈妈不转变自己对待孩子的态度和方式,那么女孩的腹泻就不会好。在我的层层分析下,女孩的妈妈意识到了自己的问题。

因此,当豆子生病了,说想吃冰激凌时,我们会满足他,也会带他去医院做检查,我们对待他的态度也不会与他没生病时截然不同。他生病的时候会要求和豆妈一起睡,豆妈会说:"我会陪你的,不过你还是要一个人睡,但妈妈晚上会过来看你。"而且不论豆子有没有生病,他都知道我们是爱他的。孩子生病时,父母要尽量满足孩子的合理请求，但不要因为孩子生病而答应不合理的请求。

整体而言，如果父母在孩子生病时和不生病时，对待孩子的态度太过于两极化，孩子就很可能在无意识中认同这种被对待的方式，疾病获益现象就产生了。

孩子生病是想表达什么

如果在孩子生病前和生病后，父母对待孩子的方式截然相反，那么，孩子生病也就有了非同一般的意义。

意义一，成为被忽略后的呐喊。

例如，孩子可能想休息，不想上补习班；想和小伙伴们玩，不想学习；难过时想得到父母的理解和支持……如果父母平时不够尊重孩子，没有看到或故意忽略孩子的需求，孩子就会感到特别失落，觉得自己被忽略了，他们的需求也会被压抑到深层的潜意识里。这时，生病就会成为一种被忽略后的呐喊。

关于这一点，我有很深刻的体会。

弟弟从小常生病，一生病就有鸡蛋、苹果吃。在那个物质匮乏的年代，苹果、鸡蛋的魅力无与伦比。弟弟生病后不仅能获得物质满足，还能收获爸爸妈妈的关怀，他们经常陪伴弟弟，而我总是被忽略的那个人。有一次，我受伤了，也尝到了生病的益处——妈妈给我煮了两个鸡蛋。在之后的成长过程中，我总会莫名其妙地受伤。

意义二，回避压力。

学习成绩、人际关系等都可能给孩子带来他们无法承受的压力，在生病期间，他们能暂时回避这些压力给他们带来的负担。

一名女生读高三时忽然得了一种怪病，学习一会儿就眩晕，脸色发白。没办法，她的父母只好带她去医院，医生说她身体无恙，可能是心理出现了问题。于是，她的父母带着她找到了我。这名女生的学习成绩很好，她的父母也对她的未来寄予了很大的希望。在咨询的过程中，我问她的父母："你们有没有考虑过孩子所承受的压力？"她的父母说："我们没有给她压力啊，她自己会给自己压力，她没考好的时候会主动跟我们道歉。"我说："也许你们会在无意中给她压力，但她没有说出来，眩晕可能是你们平时对她要求过高的反应，她会觉得如果自己没考好，就有愧于你们。"这名女生把所有精力都用在了学习上，几乎没有业余时间，也没有其他爱好，与同学们的交流也很少。聊到最后，她父母重新审视了一遍家庭关系后，缓解了孩子的压力。

后来，这名女生眩晕的次数越来越少，最后再也没有眩晕过。

意义三，获得同情。

许多家庭里的第一个孩子，尤其是女儿，从小被赋予了弟弟妹妹的照顾者角色。当别人家的孩子出去玩耍时，他们要帮父母做家务，照顾弟弟妹妹，于是他们想玩耍的本能欲望被压抑了。当想玩耍的念头再次出现时，他们心中的另一个"我"就出现了，告诉他们：不，你不应该出去玩，你要照顾好弟弟妹妹，这才是你应该做的事情。但他们想玩耍的欲望太强烈了，怎么办？幼小的他们没办法面对这种冲突，让别人关注他们的诉求最好的方式就是示弱——生病。

生病，其实是想得到别人的同情。一直在扮演着照顾者角色的人实际上非常期望得到别人的照顾，他们生病是在告诉别人：我需要被照顾，我不是一个强大到无所不能的人，我也有脆弱的时候。别人看到生病的他们并对他们产生理解同情时，生病者才感觉到自己真正存在过。

意义四，缓和家庭关系。

为了家庭关系和睦，一些孩子会通过生病的方式，为家庭提供一些帮助。如果父母不能积极地承担、解决家庭中的问题，孩子就可能为了维系家庭关系做出牺牲。

有这样一个案例：一对夫妻关系非常不好，经常吵架。但他们的孩子一生病，两人的关系就变了。丈夫每天回家，妻子也不悲伤了，两个人不仅不争吵，还多了一份"同盟"的团结，一起带孩子去看病。夫妻俩的变化给孩子带来了一种错觉：只要我生病，爸爸妈妈的关系就会变好；如果我不生病，爸爸就会离开家，妈妈就会伤心流泪。为了维持这个家，孩子唯一能做的就是不断生病。

如果你的孩子生病了，病症有些奇怪，去医院做检查也没发现问题，那么，你就需要从另一个角度看待孩子的疾病了。

5.5 老爸比我想象的还厉害
——陪伴是双向的

小豆子故事场景 / 6岁

今天,爸爸去电视台工作时带上了我。爸爸在台上录制节目,我没有乱跑,安静地坐在下面看着爸爸讲话。我觉得爸爸很厉害。爸爸录制完节目后来接我时,我跑过去对他说:"哇,老爸,你好厉害,比我想象的还厉害。"爸爸开心地摸了摸我的头。我以后也要成为像爸爸一样的人。

带孩子体验父母的工作

豆子6岁时的一个周末,我要去电视台录制节目。我既希望陪豆子,也想带他去看看我工作时的状态,因此我带他来到节目录制现场——这个年龄的孩子有必要了解一下父母的工作,让他对现实社会有一些真实的体会。上台录制前,我对工作人员说:"平时周末都是我陪孩子,所以今天我带他过来了,帮我照看他一下可以吗?"工作人员答应了。我让豆子坐在观众席,告诉他不要乱跑,否则会影响大家的工作。

第五章　好父母给孩子爱与自由
（6～7岁）

豆子已经有规则意识了，在两个多小时的节目录制过程中，他虽然有时会换一下位置，但一直在我的视线范围之内，没有到处跑，没给节目录制造成任何麻烦。等节目录制结束，我走下台的时候，豆子对我说的第一句话就是："哇，老爸，你好厉害，比我想象的还厉害。"当时，一股自恋又欣慰的满足感涌上我的心头，这一刻，我成了他心中的英雄。

父亲在男孩的心目中是榜样和英雄会对男孩的心理发展起到良性作用。他们会把英雄式的老爸当成他们的榜样，然后在认同的过程中发展自己，这是一件令人欣慰的事。

给孩子创造一个爱看书的环境

豆妈喜欢阅读，所以经常带豆子去书店。除了书店，豆妈还会带豆子去博物馆、天文馆等有趣的地方，希望他在感性认知的基础上对未知事物产生求知的兴趣。

环境对孩子的影响非常大，尤其是当孩子开始从环境中认知事物时，他们需要在环境中体验，并对环境做出自己的判断和评估。什么样的环境就会培养出什么样的孩子，家庭教育氛围和环境能够影响孩子的认知，父母的性格和对待事物的态度对孩子的影响非常大。很多人问我为什么豆子的阅读习惯这么好，我的答案是受家庭环境影响。我们家有很多书，还有固定的阅读时间，我和豆妈非常享受安静的阅读时刻。在这样的氛围下，豆子也会拿起自己的书看。我们看书时非常投入、享受，所以豆子也自然认为读书是一件有趣的事情，他读书的时候，我们也会保持安静，不打扰他。

很多父母问我"为什么我的孩子没有阅读的习惯"时，我都会反问："你有没有阅读的习惯？"有些父母不喜欢读书，却要求自己的孩子有阅读习惯，这个期待肯定是会落空的。我们投入并坚持某种爱好的原因有两个：体验良好且能够获得回报。读书也是如此。

在书店和图书馆中，不同父母的行为大相径庭：有些父母陪着孩子阅读，其乐融融；有些父母却聊天或玩手机，让孩子坐在地上看书。

学习型父母的孩子为什么比较自信、大方？一方面，学习是我们不断对这个世界产生好奇、探索新知识的一种方式；另一方面，学习使我们不断观察并且发现更深层次的知识。学习型父母能够在这两个方面给孩子树立榜样或者提供氛围，这对塑造孩子自主的性格是非常有利的。

有态度的父母对孩子的影响

让孩子有机会体验父母的工作，使他们用有限的认知看待父母的工作，是为他们创造了一个认同父母对工作的态度和投入的情境。

我的一位朋友是两个孩子的妈妈，也是某公司的创始人。家里没人照顾孩子时，她就经常带着孩子一起工作，孩子们会在她的办公室写作业、看书、玩玩具，也会观察妈妈处理事情的方式。有一天，她感叹道："我的孩子忽然之间长大了。"因为她的大儿子说："妈妈，我觉得你好棒，我希望能像你一样。"她鼓励道："如果你坚持努力，以后也可以像妈妈一样。"

第五章　好父母给孩子爱与自由
（6～7岁）

我的另一位朋友是全职妈妈，照顾孩子的同时没有放弃自己的兴趣爱好，她经常把自己打扮得美美的，带着一双儿女参加社交活动，看画展，听音乐。这两个孩子都成长得自信、大方，也能够发表自己对美的认知。她的女儿非常擅长绘画，学习也不错。

真实的世界比想象中的虚幻世界对五六岁的孩子影响更大，因为他们已经对一些事物有了自己的看法，也能感知事物的规律，孩子成长至此正是父母施加正向影响的好时机。

陪伴是双向的价值体验

父母总是以"工作很忙"作为没有时间陪孩子的借口，我们可以反过来想一下：能否让孩子陪我们呢？

当我们觉得陪伴孩子是责任时，就可能会因为觉得自己牺牲了很多时间而抱怨，也因此不能全身心地陪伴孩子。有些妈妈牺牲了事业来陪伴孩子，却充满怨气，并把这种情绪传递给孩子："我为你牺牲了这么多，你可一定要乖乖听话。"孩子会感觉愧疚，想要补偿妈妈的牺牲，因此很听妈妈的话，竭力满足妈妈的需要，生怕妈妈不开心。

人与人之间的陪伴是相互的，其实，父母在陪孩子的过程中也会获得被陪伴的感觉。如果孩子感觉自己在陪伴父母的时候，父母是需要他们的，他们就会有一种成就感，觉得自己对他人是有利的、有价值的。

陪伴不是单向的，而是双向的，是一种合作。父母如果觉得带孩子纯粹是陪孩子,是一种牺牲自己时间的体验,心里就会有一种自我牺牲的感觉,而且也不会特别投入地陪伴孩子。

上面提到的那位公司创始人妈妈,在每天工作完回家的路上会对孩子说:"谢谢你们能够陪我一起上班,你们在旁边安静地做自己的事情让妈妈有一种被陪伴的感觉,我们一起合作完成了今天的事情,妈妈的工作也很顺利,谢谢你们。"这样的话会让孩子们心中充满价值感和成就感。每次豆子陪我完成工作后,我都会对他说"你陪我工作,我很开心",而不是说"因为爸爸工作很忙,还得陪你,所以把你带在身边",所以他很有价值感,因为他觉得他能够帮助我了。

平等的关系一定是合作双赢的关系。经常带着自我牺牲感陪伴孩子的家长对自己的定位是给予者,而不是获得者,这种不平衡的心态会让他们出现敏感、委屈、烦躁、易怒等情绪。他们特别希望孩子能够听话、懂事、乖巧;孩子会觉得自己永远亏欠父母,无法和父母建立平等的关系。

5.6 重做手抄报
——孩子的世界里不能只有对与错

小豆子故事场景 ／ 6 岁

老师要我们和爸爸妈妈一起做手抄报，爸爸把主题理解错了，所以我们需要重做。爸爸向我道歉了。后来我们重新做了一份很漂亮的手抄报。

手抄报做错了，没关系

豆子上一年级的时候，老师要求父母和孩子一起做一份手抄报，但我没有理解好手抄报的主题。豆子兴冲冲地把我和他一起完成的手抄报交给老师，但老师说不符合主题，并把其他家庭做得非常漂亮的手抄报给豆子看。

了解了错误原因后，我承认了自己的错误，对豆子说："抱歉，我把手抄报的主题搞错了，爸爸有时也会犯错，但没关系，我们重做一份，怎么样？"当我做错事情时，我会真诚地向孩子道歉，我要让豆子看到，即使对他崇拜的爸爸来说，犯错误也是正常的、能被允许的。

有些父母不肯承认自己的无心之过,甚至会通过指责把错误推到孩子身上,或者为了推卸责任重新定义对错的标准,这些都是父母无法承担责任的表现。这些父母认为,父母在孩子面前认错了,父母的威严就不存在了。

习惯用对错评判孩子行为的父母,会用对错标准塑造亲子关系。这些父母一般不愿意承认自己做错了,因为一旦承认自己错了,就等于承认对方做对了。为了维护自己正确而高大的形象,他们坚决不承认错误,还会把过错推卸给别人,推卸给环境。在以对错为标准的环境中成长起来的孩子,成年后也习惯小心谨慎,不敢犯错,怕犯错后,自己会像小时候那样受到父母的惩罚、指责、数落与埋怨。他们中的许多人即使犯了错,也不敢承认,可能会学父母那样,把责任推给别人或掩盖自己的错误。

我给豆子的建议是,如果你没有错,但老师误解了你,你可以对老师说出真相。所以在生活和学习中,豆子会按照自己的想法及时和老师、同学沟通:"这样行不行?那样行不行?"如果他的观点被否定了,他也不会恼怒,而是会慢慢修改完善想法。上小学一年级的豆子已经有过很多碰壁的经历了。每次碰壁后,他都会重新认识他和老师、同学的关系以及他和学习的关系。

不要剥夺孩子自由生长的权利

我的大儿子龙龙在读小学三年级时,他的老师向我投诉,说他在课堂上看课外书。

第五章 好父母给孩子爱与自由
（6~7岁）

听完以后，我问老师："他有没有影响班上其他同学的学习和教学环境？"

老师说："没有，课堂上很安静。"

我又问老师："这个学期他的知识掌握程度怎么样（即学习成绩如何）？"实际上我不在意他的小学成绩，我更在意的是孩子的学习习惯和主动学习的能力。

老师说："孩子的学习成绩还不错，对知识的掌握程度也还可以。"

我说："那就让他看吧。"老师先是一惊，认为我这个父亲和别的父亲不一样，甚至觉得我有点奇怪。可能很多父母遇到跟我一样的情况时，多半会向老师认错，哪怕心里有其他意见也会压下去，不会表达出来。

龙龙回到家后，我告诉了他当天发生的事情。

他并不意外，对我说："嗯，我的书已经被老师没收了。"

我问他："你在课堂上看课外书的原因是什么？"

他坦白地说："那本书很好看，我很想快一点把它看完，所以就在课堂上看了。"

我看着他说："爸爸一直强调要尊重他人、不撒谎和为自己的事情负责三点。首先，你没有撒谎，这非常好。其次，你也能为自己做的事情负责——你的书被老师没收了，这是一个结果。那你有没有尊重他人呢？虽说讲课是老师的职责，但老师在课堂上讲课是不是很辛苦？如果你们在下面认真听讲，老师会有什么感觉？是不是会觉得付出有了回报？假设你是老师，你在上面讲课，学生们不听，还各做各的事情，你会有什么感觉？"

他说："那挺没意思的。"

我说："对，我们要尊重老师的劳动和教学成果，你认为呢？"

他点头，说："我以后不在课堂上看课外书了，下课后再看。"

问题解决了，这件事对他的影响非常大。

很多父母从孩子读小学起就开始为他们读大学做准备，一开家长会，家长们的话题多半围绕着孩子的成绩，而我基本上不会参与这样的讨论。只要孩子做到了我对他们说的三点，他们的分数和学习成绩由他们自己负责，我并不在意。

龙龙上中学时，每当遇到学习上的难题，都会主动向老师请教；他自己有了不同的看法和观点时，也会去找老师讨论。他和老师讨论并不代表他会完全按照老师的建议去做，但征求意见、尊重他人是他一直坚持的习惯。

追求完全正确等于剥夺了孩子自由生长的权利。

一旦孩子不听话，没有按照父母或老师的要求去做，许多父母就会责怪自己没有教育好孩子，不称职，甚至担心孩子将来会藐视一切，成为社会的败类，等等。有时父母会利用这一点来控制自己的孩子。当然，这些都是在无意识中完成的，我们很难意识到自己控制孩子的真实原因，而且会将自己的动机合理化。总之，父母做的一切都可以被合理化为一个原因——"为你好"。

用正确的方式引导孩子，要求孩子走绝对正确的道路，这本身反映了父母的自恋，同时也暴露了其无力应对世界的尴尬。其实许多问题都不止一个标准答案，正确的路也可能不止一条。

第五章　好父母给孩子爱与自由
（6～7岁）

第一次为人父母，经验有限

做父母真的很不容易，有时候为了避免孩子犯错，少走弯路，父母恨不得代替孩子披荆斩棘，只留给孩子一条康庄大道。为了实现这个目标，父母希望孩子有美好的人生，走正路，少贪恋父母们没走过、看过的风景。父母认为根据自己的经验判断出的正确道路，对孩子来说是最保险和有利的。

但是为人父母，我们的经验有限，看问题的视野也是很有限的。现在的文化环境、社会观念、科学技术的发展程度和我们小时候已经不一样了。我承认，我不是一个无所不能的人，总有一些做不到的事情，也无法对未来设想得很全面。出生于不同年代的人对于同一事物的看法是不一样的。说这么多，我只是想表达我们认为正确的事物不一定是正确的，我们也处于不断的学习和探索中。

当我们用对错标准来要求孩子时，孩子接收到的就是一个只分对错的世界。一个只分对错的世界相对比较简单，但所处的世界越简单，生活就越无趣。

其实，生命有无数可能，没有人能够预测未来，父母也做不到。我们以自己的评判标准来要求孩子能做哪些事情，不能做哪些事情，很可能剥夺了孩子探索自我的机会以及尝试的愿望。这样的做法对孩子的伤害极大，就像剪断了孩子飞翔的翅膀一样。

多彩的世界更自由

6岁左右的豆子比较敏感，常常对挫折耿耿于怀。如何保护6岁孩子的敏感心灵？尤其在他们做错事情的时候，该如何保护他们呢？父母最不应该做的就是在孩子犯错后，不给孩子任何辩解的机会，不允许孩子有自己的想法，这会让孩子产生很强的挫败感。

　　一个孩子被累积的挫败感压垮时，就会变成一个人云亦云、缺乏独立思考能力的人。我更希望豆子成为一个相对自由的人，很好地和这个多彩的世界沟通，能在这个世界找到自己的位置。因此，大多数时候我不会给豆子灌输太多的对错观，而是会多花一点时间陪伴他，从各种事物中获得感受。多彩的世界才更有趣，更吸引人。

5.7 我的房间是我的私人领地
——尊重边界,让孩子拥有自己的空间

小豆子故事场景 / 6 岁

爸爸妈妈和我一起按照我的想法重新布置了我的房间。他们告诉我,以后我的房间是我的私人领地。他们进我的房间前会先敲门。有时候我心情不好或者和妈妈闹矛盾了,我就会把自己关在房间里,冷静一会儿。

我的房间,我做主

豆子6岁时对自己的房间陈设有了些新的想法,我和豆妈帮助他按照他的意愿布置了他的房间。放哪些书,放哪些玩具,空间如何安排,基本上都由他做主,我们仅在旁边提供参考意见。豆子对自己的新设计成果很满意,我们告诉他,他的小房间以后就是他的私人领地。

豆子有了属于他自己的独处空间,当心情不好或与长辈起争执后,他就会回到自己的房间,把门关上。把门关上代表他已经不想

与别人建立连接,想独自待一会儿。作为父母,我们进豆子的房间前一定会先敲门,经他同意后才会进入。边界感较弱的父母可能无法做到这一点,他们会随时闯入孩子的房间,有的父母甚至要求孩子不准关门,以方便照顾为由告诉孩子,睡觉时也必须让房门开着。

边界感对孩子很重要,父母要尊重孩子的边界。

一些家长能够做到尊重孩子的边界,但要求家里的老人做到这一点就比较难了。教育理念不一致是客观存在的问题,我们无法忽视。我们不能要求老一辈改变太多,如何协调三代人的关系考验着年轻父母的沟通能力。

豆子长大了,我们就尝试着让豆子收拾自己的房间,我们一般不动手。但豆子外婆看到豆子笨手笨脚地收拾东西时就会数落豆子做得不好,做得太慢,甚至会代替豆子收拾房间。外婆的这种做法让豆子认为自己没做好,很委屈,甚至有些愤怒。她的做法侵犯了豆子的边界,豆子感到自己不被尊重。我们只好尝试着一遍遍和外婆沟通,让她理解豆子的感受。

边界感不强的人会怎么样

豆子的边界感在他 6 岁左右时虽然不是很强,但是此时的他对"你我"已经初步有了概念。在孩子的这一成长阶段中,父母给孩子提供有边界感的体验是很重要的。因为边界感不强的人容易不分你我,把他人看成是自己的一部分,或者把他人当成自己的工具。

没有边界感的人是什么样的?

如果他们需要帮助时,别人拒绝了,他们就会愤怒,甚至可能会用"你怎么可以这样，作为朋友，帮一点儿小忙都不愿意"等攻击性语言责怪对方。他们和对方都会感到委屈，对双方的关系非常失望。

有时我们可以用一种直接的方法解决边界被侵犯的问题——放弃和对方的关系。一个边界屡被侵犯的人内心会特别委屈，渴望对方尊重他的边界。如果在沟通后仍不被尊重，他就会关上沟通的大门。如果我们无法要求别人尊重我们的边界，那我们可以拒绝别人，我们有权选择和谁做朋友。

屡次被侵犯边界的人，价值感会特别低

曾经有一位来访者跟我讨论她的低价值感。她告诉我，小时候，她的妈妈要求她打扫卫生，她没清理干净，妈妈就数落她："你看你，这一点小事儿都做不好。"妈妈边说边把地清扫干净，她在一旁看着，心里有深深的挫败感，觉得自己什么都做不好、做不对。那时候她更希望妈妈能耐心地教她。她相信自己慢慢练，慢慢做，一定能做好的。可现实中，妈妈不断打击她，让她变得越来越自卑，甚至还没开始做事情，她就会打起退堂鼓。这种心态也影响了她的人际关系，一旦她和别人有矛盾，她的第一反应不是在这件事中谁对谁错，而是怀疑自己没有做好。如果朋友邀请她一起做一些事情，"我做不好"的自我认知就会立刻蹦出来告诉她"你不行"，所以她后来对任何邀请都采取回避的态度。回避到什么程度呢？一旦遇到给她压力的人或事，她就会迟到，关闭手机，大家都找不到她。等事情过去了，她再撒一个谎，圆一下。

逃避是因为无法面对"我做不好"。

在孩子的敏感期，如果父母出于自己的意愿，把孩子当成工具牢牢地留在自己身边并且有意破坏孩子的边界，那么孩子就很难建立边界感，将来发展亲密关系、职场关系等人际关系时就会遇到很多挫折，成年后会变得特别孤单，总会试图逃避关系以保护自己。

一位40多岁的男性来访者小时候经常被妈妈控制，没有建立成熟的边界感，他对此有一个形象的比喻："我仿佛在抱着一个坛子，特别怕它被打破，但是，不管我抱得多么紧，好像到处有抢夺这个坛子的人，所以我只能一直把它抱在怀里，生怕它什么时候就被打破了。在这一刻，我会特别无力。"

如果我们没办法意识到边界感的重要性，无法建立边界，那么，这个世界对我们来说就是可怕的、需要远离的，我们自然无法和他人建立有效的连接。

怎么处理孩子之间的边界问题

有一次，我家楼上的小朋友来我家和豆子玩，因为玩具的事，两个小朋友闹了点矛盾。

小朋友随意乱扔豆子的玩具车，豆子很生气，说："你怎么可以随意乱扔我的玩具车？"没想到小朋友立刻把豆子的另一辆玩具车也扔了。于是，豆子把小朋友赶出了自己的房间。小朋友很生气，打了豆子一下。豆子立刻回击，踢了对方一脚。小朋友放声大哭，要

第五章 好父母给孩子爱与自由

（6～7岁）

去找自己的爸爸。豆子外婆一看豆子把小朋友弄哭了，就数落豆子："你怎么可以这样对待小朋友？这样做不是好孩子。"豆子气呼呼地站在那儿，非常委屈。

按照传统的待客之道，如果孩子把来访的小朋友弄哭，父母多半不管三七二十一，会先责备自家的孩子，然后等对方的父母来劝架。

好在楼上的那位邻居很大气，没有责怪两个孩子，只是说："抱歉，孩子们本来玩得挺好的，不知道发生了什么事情。"

客人走后，我和豆子在房间交流，详细地了解了这件事的前因后果。我说："豆子，他不尊重你的玩具，你为了维护自己的玩具，愤怒是合理的，也是非常有必要的。他动手打了你，你反击，这也是合理的。但是，你回击时采用了比较激烈的方式，这不合适，也许换一种方式更好些。"豆子一直不停地说："我不喜欢他，我不要他再来。"我正色道："你有权和任何人交朋友，也有权拒绝任何人。但你对别人要有最起码的尊重。楼上的那位叔叔是爸爸的朋友，你和小朋友发生冲突后，踢了他一脚，还把他踢哭了，伤害了他，你需要为这件事道歉。作为一个男孩子，你需要学会承担。那一脚确实给小朋友造成了伤害。所以，我们需要就这件事向对方道歉。如果对方是一个不讲理、不懂得尊重你的人，这是他的问题和错误。但你需要为自己的行为道歉。"沟通后，豆子同意去道歉。他敲开邻居的门，对那位小朋友说："对不起，我不该踢你，但我希望你以后也不要扔我的玩具。"说完之后，豆子轻松了许多。

豆子用自己的行为维护了自己的边界。

195

尊重别人的边界

有些父母发现孩子长大后变了，小时候乖巧、听话、懂事的孩子到青春期变得沉默寡言，经常把自己关在房间里，主动和孩子交流时，孩子的回答也是"嗯""啊""哦""好的"。为什么孩子到了青春期就不乖了呢？

这是因为有些父母在孩子小时候对待孩子的方式有问题。他们不尊重孩子，也没有把孩子当成与自己平等的人来看待。在这些父母面前，孩子没有任何秘密：他们看孩子的日记，随意进出孩子的房间，甚至不放过孩子锁起来的东西。这些行为会让孩子随时进入防备状态，很敏感，关闭和父母的交流通道。

孩子回复"嗯""啊""哦""好的"，其实是在切断和别人的联系，把所有秘密都放在自己的心里，不愿意和别人说，因为他们知道说了可能会面临指责。这样的孩子特别孤独，他们的父母也会感到特别挫败，会想："为什么我对你那么好，你却什么都不对我说？"在这种家庭环境中，每个人都会觉得很伤心、委屈，却弄不清楚问题出在哪里。

谈到家，我们想到的应该是温暖、温馨、爱、憧憬，是我们逢年过节想回去的地方。试想一下，在一个被自己父母不断侵犯边界的家里生活是一种怎样的体验？能感受到温暖吗？

有边界感的孩子不会随意侵犯别人的边界，同时也懂得维护好自己的边界；没有边界感的孩子长大后会面临人际关系的危机。

我的朋友H有一位关系很好的闺密，她的闺密无论遇到了什么

第五章　好父母给孩子爱与自由
（6~7岁）

事情都会第一时间打电话向她诉说。随着闺密倾诉的次数越来越多，H感到的压力越来越大。后来只要那位闺密有需要，H就必须接电话，哪怕是三更半夜。很多次，H都想休息，想打断她，但对方似乎没有停下来的意思，依旧不断地向H诉说。刚开始，H选择了忍和远离。她的闺密感受到了，生气地指责H："你怎么可以这样对我，在我那么需要你的时候，你竟然不听我说话，也不帮我出主意！"两人的关系彻底闹掰。

可以想象，H的这位闺密的人际关系和社会成就可能都不太好，一个不懂得尊重别人边界的人无法维持长久的关系。

我希望孩子既懂得维护自己的边界，也懂得尊重别人的边界，成为一个独立自主，能和别人合作的人。

5.8 豆子打架，老爸也很郁闷
——如何做一位好父亲

小豆子故事场景 ／ 7 岁

我的生日聚会上来了一位我不喜欢的小朋友，我很不开心，当着大家的面把他推开了。爸爸建议我们用掰手腕的方式解决冲突，最后我赢了。当时我很生气地说不想跟他做朋友了，但后来我们还是成了好朋友。

不一样的 7 岁生日会

豆子在他 7 岁生日那天，邀请了班上很多小朋友来参加他的生日聚会。豆子班上有一位小朋友平时调皮、爱欺负人，豆子非常不喜欢他，所以没有邀请他，但那位小朋友还是来了。豆子很不开心，当着大家的面愤怒地把那位小朋友推开。我意识到，他们在学校里可能有过一些冲突，我认为有必要顾及豆子的感受，因此和男孩的妈妈商量，让他们比赛掰手腕，三局两胜，谁赢谁来处理这件事。结果，豆子赢了。我问他："你想怎样处理这件事？"他说："可以让他吃蛋糕，但以后他不再是我的朋友了。"可是过了两天，他们又成

第五章　好父母给孩子爱与自由
（6～7岁）

了朋友，而且两个人的关系更亲密了。

我这样做，既保护了豆子的感受，同时也传递给了他价值观和为人处世的方式：我们可以维护自己的感受，但必须是在有序的竞争环境下。

检验好父亲的五个标准

从今天的视角看，"养不教，父之过"这句话把父亲对孩子的教育职能夸大了。但也确实有很多父亲忙于工作、养家，把教育孩子的责任全推给了母亲，这也是完全不可取的。

0～3岁是孩子成长发育的黄金时期，妈妈如果能高质量地陪伴孩子，给孩子建立好的安全感和依恋感，那么孩子将来在各方面都会表现良好，妈妈也会很省心。而在孩子3岁以后，到青春期之前，父亲如果能真心实意地陪伴孩子，发挥父亲的作用，孩子将建立属于自己的完整的、坚固的世界观。所以说，我们可以将"养不教，父之过"解释为在孩子3岁以后，父亲在孩子的教育中非常重要。

很多时候，"养不教"不是因为父亲角色的缺失，而是父性的缺失。父性是父亲身上具备的某些职能特性。父亲的角色能否比较完整地发挥父性职能取决于以下5个方面：

◇ **父性职能是否完善**

一些人认为，在家庭中男性的职能是挣钱养家，真的只是这样吗？父亲在一个家庭里真正需要做的是什么呢？

在一般情况下，父性职能有五种：第一种，为家人提供物质基础，陪伴他们，即"供养"职能；第二种，保护家人免受天灾人祸的侵扰，即"护佑"职能；第三种，设定家庭规则，维护家庭结构，即"规训"职能；第四种，将生命的意义和价值传递给孩子，即"传道"职能；第五种，给孩子做榜样，即"榜样"职能，"虎父无犬子"说的就是这个道理，父亲的榜样职能在有男孩的家庭中尤为重要。

前段时间，我和某物流公司的总裁交流过。他不仅是一位成功人士，也是一位称职的父亲。他在儿子读一年级的时候就给他买二年级的课本，并告诉他："你可以挑战一下自己，这会对你的学习很有帮助。"他的儿子平时就视父亲为榜样，很渴望自己能像父亲那样强大，并且把对父亲的认同转化成了自主学习的态度，常在学习和挑战中得到强烈的满足感和成就感。

◇ **父亲是否经常采用回避策略**

一位来访者一直无法和男性建立亲密关系。在和男性交往的过程中，她表现得非常强势。她特别瞧不起男性，甚至鄙视男性。她意识到了自己的问题，于是找我做咨询。

她的妈妈比较强势，在她小的时候，妈妈对她非常严厉，总是非打即骂。父母之间的关系也不是很好，因为她妈妈太强势了，她爸爸没办法和她妈妈沟通，甚至害怕她妈妈，所以，她爸爸往往采取回避的方式。有一次她妈妈又在打她，她用求救的眼神看向爸爸，爸爸却以一个木然的眼神回应了她。那个木然的眼神让她明白了：这个男人无法保护她。她进而认为：世界上所有男人都是不可信的，没有男人可以保护她，男人都是靠不住的。

很明显，这位来访者的父亲没有保护好孩子，导致孩子成年后无法建立起正常的亲密关系。如果父亲无法很好地发挥父亲的职能，那么孩子就将无法认同他，甚至会对所有男性都不信任。

◇ 父亲是否坚持原则

在两个孩子6岁的时候，我都对他们说过尊重别人、为自己承诺的事负责、不撒谎这三个原则，然而有一次，我的大儿子把这三个原则都违背了。他回老家过暑假时，没有把暑假作业带回去。我打电话问他时，他说带回去了，可他的暑假作业明明在我手上。后来，他怕被责怪不接我的电话了。他不仅撒了谎，无法完成自己要做的事情，而且不尊重我。因此，等他暑假结束，回来的时候，我惩罚了他一次。

他并没有因为那次惩罚记恨我，相反，他后来更加信任我，更喜欢和我交流了。

人总是在犯错的过程中学会成长。孩子犯错的时候，父母应该坚持原则，孩子有内心强大且有原则的父母是非常幸福的。

◇ 父亲是否经常带孩子探索外部世界

我经常看到某些父亲陪伴孩子时心不在焉，一边说陪孩子玩，一边打电话、发邮件、玩手机，没有真正参与到孩子的活动中。

在陪伴中，重要的不是时间多少，而是质量高低。父亲带孩子进行探险是培养孩子好奇心和坚持精神的好办法。

我的大儿子龙龙情感细腻，不太愿意尝试，以前他经常说："哎呀，这个很难，我可能做不到。"因此，在他初中毕业时，我带他进行了一次艰难的徒步登山探险。7天时间,我们在山里风餐露宿,手机接收不到信号,四周只有山林。当我们攀登到海拔将近5000米的一个垭口时,他露出了坚定、自信的眼神。其实,在没走到那个垭口之前,每走一步,他都喊:"哎呀,快不行了,我坚持不住了。"过了垭口之后,他变得非常自信,而且,这种自信延续到了他以后的学习和生活中。

◇ 父亲是否认同别人的价值

不愿认同他人的价值是因为自我认同的渴望非常强烈。夫妻俩争论在家庭中谁付出得更多就是不愿意承认对方价值的表现。

比如,妻子对丈夫说:"你不知道我养孩子有多辛苦,比你在外赚钱辛苦多了,也累多了。"丈夫说:"所有女人都要养孩子,怎么没听到别人说累?"相信,所有女性听到这句话都很愤怒,因为这位丈夫根本不认同妻子的付出,家庭关系出现裂痕是必然的。只有夫妻双方均认同对方的价值,感谢彼此为家庭的付出,互相尊重,孩子才能在和谐的环境中成长得更健康。

教育孩子从来就不是一个人的事,而是夫妻共同的责任。家庭中男性给孩子带来的坚强、博大的力量不仅给孩子提供了一个安全可靠的港湾,也使妻子安心。

父亲是家庭的重要支撑,孩子的规则意识很大程度上由父亲建立,但前提是孩子对父亲有认同感。因此,父亲们,请先强化你们的父性职能,成为孩子的榜样。

附录一

心理师爸爸给孩子的一封信
——孩子,愿你自由探索自己的价值

豆子:

　　你平时对运动很感兴趣,当我答应暑假和你一起去青海徒步旅行时,你很兴奋。你从小生活在城市,很少体验真正的户外运动,这次带你去青海就是想让你体验一下户外运动的感觉。

　　爸爸本身很喜欢户外运动,也希望你们喜欢户外运动。进行户外运动时会遇到很多突发状况。在户外,我们可以学习如何与团队成员合作。喜欢户外运动的人在精神层面上更坚毅，也更能坦然地应对挑战。最重要的是，我想要锻炼你的体格和体能，希望你成长为一位强壮坚毅的男子汉。

在你小时候，我和你妈妈就带你去旅游。你4岁时我们一起自驾游了云贵川，你再大一点的时候我们去了呼伦贝尔大草原。你5岁多的时候，就可以自己独自坐飞机了。去青海的户外旅行是一次全新的体验，不仅可以挑战一下你的体能，也可以让你更贴近自然。

要知道，对自然的热爱是我们与生俱来的，除非父母人为地破坏了孩子对自然的向往。许多父母在孩子小的时候，担心孩子与自然接触会遇到危险，这会在孩子心底埋下对外界恐惧和不安的种子，给要接触自然的孩子带去许多阻碍和约束。

有些父母会因为嫌脏而不让孩子玩泥巴，或者当孩子分享自己对一片树叶感兴趣的时候不回应，还催促孩子继续走，这些都会让孩子对大自然的好奇心慢慢减退。在压力之下，很多孩子在很小的时候就去学习各种知识和技能，接触大自然的机会也越来越少了。

豆子，当知道要去户外徒步后，你特意查阅了很多关于徒步的知识，还交代我要准备哪些装备。虽然我了解其中的大部分，但是你在自己准备的过程中获得了强烈的参与感。我觉得你做得非常好。在进行查阅和探索时，你的户外旅行其实已经开始了。让我欣慰的是，你将旅行必备品列了一张清单。考虑得这么仔细，说明你的独立性和自我照顾能力发展得很好。

在这次旅行之前，你还参加了一个为期8天的童子军训练营，这次训练经历让你成就满满。把你送进童子军训练营，是希望你在这个训练营里学会什么是规则，能够在和其他小朋友相处中发展自己的人际关系，学会在合作中完成一些任务，这些对于你的成长都是十分必要的。

附录一
心理师爸爸给孩子的一封信

经过几天的锻炼,你对自己的体能充满了信心。但我还是隐隐担心,毕竟你还只是一个8岁的孩子。

旅行一开始,我们就要坐将近一天的车,漫长且无趣。坐车时,你明显耐心不足,表现出了焦虑,总是不停地问我什么时候到,这说明你缺乏等待的能力。在我看来,可能是因为外公外婆带你的时间比较多,平时你在家里是被过度照顾的。在家时,外婆没有给你任何等待的机会,总是催促你去做事。所以当你自己要去做某件事的时候,你也会不停地催促我。

如果孩子认同照料者的做事方式,他就会复制这样的方式。很明显,豆子,你复制了外婆的做事方式。我在车上和你进行了深度沟通,希望你学会等待,因为凡事都要经历一个过程。虽然你还是一知半解,不过催促我的次数减少了。你似乎开始慢慢地学习等待,同时你也尝试着和团队中的其他人交流,大家也对你宠爱有加。

我很想把这次行程全部记录下来,以作纪念,但你似乎不乐意拍照,我一向尊重你的意愿,给你充分的自由和选择,所以只好作罢。在我偷拍你而被你发现时,你还会用开玩笑的方式向我表示抗议。我们在阿坝采购东西时,你提出了很多建议,我尽量尊重你的意见。

对8岁的你而言,你的意见对你自己尤为重要。

因为你正处于一个懵懂的状态中,那个无所不能的自己已经被打破了,但是仍然希望对一些事情进行控制。你希望打破规则,然后获得一种无所不能的掌控感。你这个年龄段的孩子就是我们大人常说的"熊孩子",你们让很多父母感到特别焦躁。好在你对于一些规则以及人际交往的边界有清晰的认识,这一点我非常欣慰。

到了青海之后,我们开始了第一天的徒步。马帮驮走了一些重装备后，我们背着自己的行囊出发了。天气不是很好，一直下雨。在难行的泥泞路上，你一脚踩在了一个水坑里，整个鞋子都湿了，而且沾满了泥。作为一个平时比较爱干净的孩子，你的心情一下子就变差了。当天我们在湖边，你坐在湖边静静待了一会儿，谁也不理。我忍住了想上前询问的好奇心，希望给你一些空间自己消化一下。

那天晚上，你出现了比较严重的高原反应，一直说自己身体的各个部位不舒服。经过一番检查后，我没有太过在意或紧张，只是一直说"没事，爸爸在你的身边"，给予你支持。当天晚上你很早就睡了，一方面是因为累了，另一方面是因为身体实在不太舒服。我照顾了你一个晚上。

第二天出发时，你有点打退堂鼓了。因为你身体不舒服，走起路来非常累，于是落在了队伍的最后。你想要放弃，也一直在说自己头痛、心脏痛，希望能够通过这些方式引起我的关注。我和你沟通了一下，后来你实在不想坚持了，我也做出了妥协，同意让你骑着马前往垭口。等我和同行的人走到垭口时，你已经一个人待在那里两三个小时了，在确保你安全之后，我没有安慰你或者责怪你。其实在跨上马背的那一刻，我能感觉到你很失落，甚至有些羞耻，因为你没有实现自己的承诺。

这件事情让你明白：任何状况可能在任何时候出现。我没有提醒你应该怎么做，而是希望你自己去体会。

下午到了营地之后，你主动帮忙搭帐篷，看领队做饭，你需要用这种方式来体现自己的价值。

由于没有睡觉，照顾了你一个晚上，我很疲惫。可能因为身体恢复了，再加上内心有愧疚感，你积极地帮了很多忙，甚至还说："老

附录一
心理师爸爸给孩子的一封信

爸,你躺一会儿,我去倒开水。"这个时候,你体会到了一种参与和团队合作的感觉。

经过了这件事情之后,你反而把比较糟糕的情绪和体验,转化成积极的情绪和体验,而且懂得了协作,懂得了何为坚持,也懂得了如果放弃可能会受到惩罚,这种惩罚不是来自外界的,而是来自自己内心的。

和你一起参加户外徒步是非常有意义的一件事情,在这个过程中你不仅接触了大自然,还学到了一些东西,你也在这个过程中认识了自己。

男孩子就应该多经历一些事儿。希望你日后想起这段跟以往不一样的徒步旅程,能从中获取一种力量——来自你内心深处的男人的力量。

爸爸　胡慎之

附录二

关系优于教育

在我 20 多年的心理咨询工作中,我接触了很多家庭,看到过各式各样的家庭问题。绝大多数向我咨询的家长都会说,孩子出现了这样或那样的问题,很不听话,该怎么办。但后来经过分析,我发现,其实相对来说,他们的孩子本身没有太大问题,问题更多来源于他们与孩子的关系。所以,认清家庭关系中的问题,改良家庭关系,才是解决孩子教育问题的前提。

网上曾流传一位父亲在家长会上号啕大哭的视频。他表示自己要处理各式各样的工作，开会的时候没办法接老师的电话。我也是一位父亲，非常能够体谅他。孩子很重要，但是工作对他来说也很重要，所以当他觉得自己无能为力的时候，只能崩溃地哭了。

家长、学校和孩子之间是紧密相连的，孩子在学校的表现和家庭环境有很大关系。很多家长不知道该如何养育孩子，依赖老师对孩子的教育，但实际上，"家庭是一个人学习、做好事的起源之地"。

三问父母对孩子的看法

你的孩子听话吗

你的孩子有没有出现这样的状况：进入青春期后，他变得不太愿意理你，好像更愿意待在自己的世界里面。在家里时，他会关着门做自己的事情。以前你告诉他该做什么，他会很快去做，但是他现在好像变得不听话了。你叫天天不应，叫地地不灵。有的时候，你会骂他几句，但越骂他，他越不想跟你说话。他好像离你越来越远。

一些家长看到孩子出现这样的状况时会很害怕，问我："他会不会做出一些出格的行为？他经常不说话，更不愿意跟我说他的心里话，他在想什么？会不会像网上说的那样，他的情商有问题？"还有一些家长看到了孩子在这一阶段学习成绩直线下降，担心孩子的学习能力有问题。

附录二
关系优于教育

◇ 对孩子过分负责,恰恰是一种忽略

在很多家庭中,教育孩子的责任从孩子出生起就压在妈妈身上。

在我的一次家庭教育主题演讲中,现场有200位来宾,其中有198位妈妈,只有两位爸爸。两位爸爸一直低着头,不敢看周围的环境。看到这种情况,我说,我觉得应该开发一个像共享单车那样的"共享爸爸"软件,现场很多人都鼓掌了。很多妈妈说,我们太需要了,孩子的爸爸总是很忙,没有办法顾及孩子的教育。她们有时会跟自己的丈夫说:"你的孩子出了问题。"很多孩子的爸爸也只是骂孩子一顿。

许多妈妈从孩子出生起就非常负责任。她们的孩子在这样的成长环境中无法获得应该在家庭中训练出来的能力和胆识,所以,才出现了"妈宝男"。

她们的孩子看似是整个家庭的核心,实则是被忽略的人。对孩子过分负责,恰恰是一种忽略。为什么这样说呢?妈妈帮孩子做得过多,导致完成事情的功劳变成妈妈的,而不是孩子的。孩子一方面会觉得,自己没有在完成事情的过程中贡献任何价值;另一方面会觉得,妈妈总会帮他做的。他会感到失落,体会不到自我成就感。甚至一些孩子非常依赖妈妈,认为自己不会做,可以让妈妈一直帮自己做。

在这样的过程中,妈妈往往忽略了孩子,忽略了孩子要通过自身的努力获得成就体验。请家长们想一想,获得成就体验不就是我们成年人很多时候努力的方向或者目标吗？

我们一定要做某件事情，除了因为有某个目标外，还可能因为要逃避某种风险。趋利避害是人的本能。孩子让家长代替自己做很多事情的目标是什么？就是为了摆脱恐惧、逃避可能出现的惩罚。我们也是一样的，有时我们替孩子做得过多可能并非出于孩子的需要，而是因为我们对孩子的担心。

我的一名同事曾经告诉我她的担心。她说，以前她和孩子的关系很好，孩子什么都跟她说，但是现在孩子不太跟她说话。我对她说："你知道你跟他的关系进入到一个什么状态了吗？孩子上高一了，已经慢慢性成熟了。难道在他眼里，你不是一个异性吗？你和他亲近的时候，他会有压力，会很想离开，想跟你保持距离。"她很疑惑地问我："这也会让他有压力吗？我是他妈哎！"我说："但你也是女性啊。你的孩子长大了，男女有别。你可以试着让他爸爸跟他沟通，看看会不会好一些。"后来她告诉我："胡老师，你是对的。我让他爸爸去跟他沟通，发现他们两个人之间有话聊。不过，他们以前不怎么交流呀？"我说："因为你做得太多了，多到孩子已经接受不了了。你做了一个完美的妈妈，你觉得很好的妈妈，但是孩子需不需要你这样完美的妈妈？"

◇ 让孩子亲自探索、感受世界

心理咨询师是否给来访者提供了价值，由来访者决定；那么家长是否给孩子提供了价值，由谁说了算呢？当然是孩子。孩子已经非常焦虑、抑郁了，父母还能称得上是好父母吗？很多父母不愿意承认这一点，很固执地认为自己一直是好爸爸、好妈妈，认为孩子出了问题只是孩子自己的原因。孩子抱怨父母，父母抱怨孩子，这种怪圈一旦形成，父母和孩子都会很累。

面对向我抱怨孩子上初中以后不听话了的父母，我总会说："你的孩子终于可以自救了，他还有救。"我们每个人都是一个独立的个体，不能让孩子复制父母的想法，成为父母想让他成为的人。

你把一个一岁以内的孩子放在板凳上，他可能不会自己移动到床上。但等到他两岁了，会走了，你跟他说，待在这个圈子里，不要出去，他就可能会想办法"越狱"。这是因为他要去探索这个世界，去亲自感受这个世界。孩子有自己的世界，家长的世界不等于孩子的世界。

你对孩子最根本的诉求是什么

我们都会带着期望养孩子，许多人在孩子没出生的时候就对孩子有期望了。一些准爸爸或准妈妈会希望孩子是个男孩或女孩，希望孩子能遗传某个人长相的优点。

我外公曾看着我，说："这个孩子好丑啊。"这导致我一直到30岁以后才开始接纳自己。之前我一直觉得，他的期待深深地烙印在我心里。父母们请扪心自问一下，自己没有达到父母的期待时，会不会一直觉得自己很糟糕呢？

孩子对你来说意味着什么

我觉得对于一个焦虑的人来说，掌控感是最佳治愈良药，所以焦虑的人可能会有强迫症。为什么一些患上强迫症的人有洁癖呢？因为他们认为自己可以控制这个世界，他们想让这个世界成为一个完美的、无菌的世界。一旦有人或事物侵扰他们维护的世界，他们就会抵触。到后来，他们可能会抗拒所有东西，因为他们要维持自己的掌控感。

焦虑的父母会放大孩子身上的任何一个问题，觉得孩子给他们添麻烦了。在他们的控制下，孩子变得听话，按照他们的期望快速成长为优秀的"别人家的"孩子，他们才会心满意足；如果不是这样，他们就总对孩子不满意。孩子对这样的家长来说，意味着什么？有些孩子感受不到父母的爱、陪伴、支持，甚至会说："你们根本就不想生我，对不对？你们只是为了满足你们自己，我是副产品。"

◇ 不要让孩子认为自己是累赘

父母总对孩子不满意或者总帮孩子做事情，孩子就会觉得自己来到这个世界上是来给父母添麻烦的，是个累赘。孩子3岁了，可以去倒垃圾了，父母怕垃圾袋会破，不用孩子倒。孩子5岁了，想尝试着帮父母端碗，父母又怕碗被打破，不让孩子端。还有一些真的很溺爱孩子的父母，不用孩子做任何事情，在孩子8岁的时候，还帮他穿衣服。这样，孩子就会觉得自己是累赘。这些父母很爱孩子，对孩子的照顾无微不至，却阻止孩子为他们的生命做出一些贡献。

我们每个人都需要对他人有所贡献，这样才有存在感和价值感。一些孩子看到妈妈很累时，会给妈妈捶捶肩，妈妈很开心，孩子也很开心。一些妈妈对孩子说："你爸爸真的很糟糕啊，我在他的生命中没有获得过好处。"孩子会说："妈妈，没关系，我长大后给你买个大别墅。"听到孩子这样说,妈妈可能觉得孩子很懂事,但其实孩子的话已经表明,家庭关系给他带来了压力。他想给妈妈提供价值,成为妈妈生命中有用的人,而不是妈妈的负担。

许多家长经常把孩子的失误看成错误,给孩子传递"你是我的累赘"这样的信息。

我小的时候摔跤后会马上爬起来,因为如果我不马上爬起来,我爸爸就会过来说:"谁让你不好好走路!"其实我那个时候还在学走路,怎么好好走路?我知道,我自己爬起来就等于不给他添麻烦,所以后来我遇到什么事情都不想跟大人说。

有一次,我想买双白球鞋,我憋了一个星期没有跟妈妈说,因为我知道妈妈没有能力给我买。但因为老师要求同学们统一穿白球鞋,所以我不得不跟妈妈说了。她哭了,我很自责。我就想:我怎么能有这样的需求,我不应该要穿白球鞋。到后来我就不提出意见和诉求了,也慢慢学会了报喜不报忧。

这就是孩子会跟父母说,不错啊,还好啊,没事啊,不跟父母说自己心事的原因。他们不想成为父母的累赘和负担。但长此以往,父母和孩子之间的关系会变成什么样呢?变成父母是孩子的"管教"。父母是为孩子生命负责的人,孩子其实也想为父母的生命负一点责任,可是孩子小的时候没有这样的能力,也不知道如何表达。所以,许多父母就一味认为,我的孩子一天到晚需要我操心这个,操心那个。

◇ 一个人的关系模式来自家庭

一般来说,家长带 16 岁以下的孩子来做心理咨询时,我会要求见与孩子亲近的家庭成员(一般是父母)。孩子出现焦虑、抑郁等症状,大多因为家庭出了问题,他们心理上呈现出的问题与他们父母的关系、家庭中的动力密切相关。

我们的多数关系模式,特别是与亲近的人的关系模式,都来自家庭。如果一个孩子小的时候经常被父母打,那么他长大以后,发现有一个站在他面前的人抬起手臂时,第一反应就可能是:这个人要打我。其实这个人可能只是想拥抱他一下。这种精神障碍叫创伤后应激障碍。如果一个孩子在家庭中一直被父母当作不会做任何事情的孩子,他就可能拼命想证明自己很厉害,或者想方设法地成为父母口中的"废物"。

有些家庭的经济条件非常好,父母的关系也很好,但孩子就是不好好学习,也不去找工作,每天跟朋友们花天酒地。究其原因,是无论他们怎么努力,都得不到他们的爸妈的认可。他们心里想的是:既然你们说我什么都做不好,那我做好一件事就算对不起你们了。

所以很多孩子的行为是有目的的。他们某些行为的目的是让父母生气,攻击父母,表达自己心里的不满。比如孩子厌学、经常莫名其妙地生病都属于这种情况。

举个最简单的例子。你的孩子做事拖拉吗?他正在看电视,你让他去看书或者做作业,他会慢悠悠地关掉电视。哪怕还能再看十几秒,他也要争取。前文提到过,人是趋利避害的,看电视对他来说是一种享受,你让他用一件让他痛苦的事情来代替一件让他享受的事情，他肯定不愿意。但是父母应经常提示孩子该做什么了。比如有的妈妈跟孩子约定，每天只能看半个小时电视，孩子说："妈妈，我看会儿电视，再做作业，行不行？"妈妈可能说，不行，做完作业，再看电视。可是，不论先做作业，还是后做作业，孩子只要每天只看半个小时电视，就不算违反约定。

我们和孩子约定看半个小时电视的根本目的，是让孩子有契约精神，遵守自己的承诺，学会为自己的言行负责。有些妈妈为了显示自己的威信，规定孩子必须不能怎么样。等到孩子有能力照顾自己的时候，他就可能不会再完全听父母的话。事实上，孩子到二十多岁还完全听父母的话，才是让父母头痛的。习惯听别人话的人可能不会对自己负责。

家庭关系的无意识模式

对立模式

很多时候，我们都处在无意识模式中，我们会感到跟孩子之间的关系令人难以捉摸。许多关系中都有对立模式，家庭关系也如此。

比如，一些女性常说自己为了孩子，才和丈夫维持家庭关系。她们就一直和丈夫处在对立模式中。再比如，我曾见过一位三十多岁的女性对妈妈说："妈妈，我犯错了。"她妈妈说："怎么可能没错？"大家可能都用过反问句来回答别人的问题。我们常常在已经与他人处于对立中时，才感受到自己的情绪，而不是先看到自己的情绪，然后与他人沟通。有些人说："我能很好地与他人沟通。"但实际上呢，他们经常与他人沟通着沟通着就吵起来了。仔细听他们说的话，我们能够发现，他们说的每一句话几乎都带有攻击性。

其实对立模式是存在于很多家庭中的。当我们觉得孩子是来给我们添麻烦的，比如有些人把孩子形容成小冤家啊，讨债鬼啊，他们就和孩子建立起了对立关系模式。如果一个人觉得自己一辈子做的所有事情都是为了孩子，那么这个人和孩子之间一定存在着对立关系模式。因为抚养孩子，他要牺牲一辈子的幸福，孩子接收到这样的信息以后会感到很大的压力。当孩子有自己解决问题的能力时，父母要学会放手，不一定总要牺牲自己。这样，亲子关系会变得更好。

很多妈妈总希望自己成为更加好的妈妈，但也有一些妈妈能够帮助孩子自己成长。孩子们大概都会问妈妈，作业里不会的题怎么做，而有些题妈妈也不会做。一些妈妈会说，我们一起来查一下；还有一些妈妈更直接，告诉孩子，去问老师。这些妈妈都接纳自己不会解答一些问题的事实，也允许孩子了解真实的妈妈。但有的妈妈会表现出焦虑情绪，既不告诉孩子解决问题的办法，又骂孩子笨。

我的孩子上小学四年级以后，我基本上放弃了辅导孩子做作业，因为总有一些我也无法帮他们解决的问题。所以，孩子上了四年级，我就给孩子买电脑，教孩子如何查阅资料，也不控制孩子如何用电脑。他们一直认为电脑就是工具。

在让孩子自己探索的过程中，不要设置过多禁止孩子接触的东西。我们越强调某些事情是禁忌，孩子往往越好奇，越要和我们对立。

附录二
关系优于教育

依赖模式

依赖不仅指孩子依赖父母,很多时候,依赖是相互的。

有些妈妈经常强调孩子依赖自己,却没发现自己依赖孩子。孩子要住校时,许多妈妈心里都会不舍,一些妈妈觉得如果孩子住校,自己就会失去生活重心,不知道该干什么,所以想方设法地不让孩子住校。其实孩子在有照顾自己的能力后,会很想离开家。一些家长不承认孩子有照顾自己的能力,是因为他们非常依赖自己的孩子。有些孩子故意考到离家很远的地方上学,就是想要摆脱这种依赖。

我问过很多家长一个问题:"如果你的孩子不需要你辅导作业,你晚上会做些什么?"他们中的绝大多数都会想很久,然后说:"不知道。"这些家长用陪孩子做作业消磨时光,并且从中获得成就感。

除了依赖孩子的陪伴,还有一些家长在体验自我价值的过程中依赖孩子的价值。

相信以下情境大家都很熟悉。两位带着孩子的妈妈相遇。一位妈妈说:"听说你家孩子刚刚通过了钢琴十级考试,陪她学钢琴一定很辛苦吧。"另一位妈妈开心地说:"是啊,听说你家孩子刚刚通过了小提琴十级考试呀。"两位妈妈神情自豪,聊得很开心,但是两个小朋友低着头,一点也不高兴。

我们觉得自身的价值不是很高时,就会依赖他人给我们带来自我价值感。这一点是被很多人忽略的,也是很多人不愿意承认的。

不少人对我说过:"你的孩子很优秀,一定是你教育得很好。"听到这种话时,我都会说:"他们只代表他们自己而已,很多时候我都不管他们。"从他们小时候起,我只跟他们强调三个原则——第一,要尊重别人，善待别人，不能随便伤害别人；第二，为自己的言行负责；第三，不能撒谎，任何事情都可以通过沟通解决。只要他们不违背这三条原则，我在很多时候都非常"懒"。他们对我说学校里让交多少钱时，我都会马上给，从来不会怀疑他们，而且还会问他们钱够不够用；如果他们问我某道题，我就会让他继续自己思考或者用电脑自己搜索解题方法；如果他们说"老爸，我们想去××玩一下"，我就会尽快安排好手头的工作，满足他们的愿望。

我们不能过多地依赖孩子，也不能让孩子过于依赖我们。

爸爸要发挥自己的职能，承担带孩子玩儿的责任。爸爸带孩子玩得越多，孩子的能力越强，因为爸爸会带孩子看外面真实的世界，让孩子适应世界的规则。

有些父母会给孩子一个虚幻的世界，喜欢依赖他人的人就是在这种虚幻的环境中长大的。很多年轻人在谈恋爱的时候会特别依赖对方。他们觉得自己遇到了非常好的另一半，认为对方可以帮他们解决生命中的所有问题，甚至可以改变他们的命运。但事实上，这种想法越多的人，越容易被喜欢画饼的人欺骗。

共生模式

有些家长在孩子住校以后，会每天到学校门口等孩子，让孩子看他们一次，或者让孩子每天给他们打一个电话。学校里基本上是安全的，见一次、打一个电话有什么实质性的意义呢？但无论孩子怎么说，这样的家长都要求孩子必须按照他们说的做。这些父母与孩子的关系模式就是共生模式。

附录二
关系优于教育

曾有人对我说:"我到家之前,都要调整一下我的情绪。我明明在外面很开心,但是我进家门的时候一定要面无表情,不让家里人看到我的任何情绪。因为我的家庭里争斗不断,妈妈经常很难过,家里充满着愤怒的情绪,所以我回家以后也要和他们有一样的情绪,变成愤怒的人。"

其实很多人都有过这样的体验,一些家长甚至要求孩子必须跟自己同一时间睡觉。共生是因为我们害怕独自面对世界,但共生的关系模式剥夺了孩子独立自主的可能。

淹没模式

剥夺权利就是淹没的方式。

我在做心理咨询的过程中经常遇到这样的家庭:我问孩子有什么感觉,孩子还没说话,妈妈就先替孩子说了。在一个小时的时间里,我问的问题都是需要孩子回答的,可是孩子没有开口的机会,妈妈一直在说。那么带孩子来做心理咨询有什么意义呢?我的任务是解决孩子的问题呢,还是听妈妈诉苦呢?这样的家庭关系模式就是淹没模式。

在亲密关系中也有这样的模式。当我们真正想掌控一切时,其他人的感受似乎就不重要了。

我们说过,很多家庭的教育责任都落在妈妈身上了,但妈妈们需要想一想,这样的责任是别人推给你的,还是你自己要的。有些妈妈觉得孩子在自己的生命中举足轻重,所以她们会将丈夫边缘化。这样的妈妈也常常对丈夫说,陪陪孩子。但等到丈夫陪孩子的时候,她们又会很不放心,一分钟要看五次,怕丈夫不会带孩子。这些爸爸真的不会带孩子吗?也许孩子和爸爸也会玩得很开心。

教育的本质——让孩子成为自己

有人对我说"你的孩子很优秀,被你教育得很好"时,我会说"那是孩子自己努力的结果,我其实很少教育他";有人对我的孩子说"你为你爸爸争光了,你爸爸很有面子"时,我会说"千万不要这样说,我自己觉得自己还不错,他不用为我争光,成为他自己就可以了"。

那些人觉得我的话很矫情,但其实我真的没有这样的心思,因为我只希望孩子成为他自己。

我曾经跟我儿子说:"你大学毕业,我送你一台车,没有其他的了,我的钱跟你没关系,遗产也不可能给你。"因为我觉得,孩子必须自己争取想要的东西,要具备获得资源的能力。

在他18岁生日那天,我送了他一块手表。那是他的第一块机械表,是我的父亲给我的。这叫传承。那块机械表不算很贵,我对他说:"送你这块机械表是希望你知道,在人的一生中,时间是最贵的。你现在不一定能明白,但未来你就会知道。你已经成年了,未来是你自己的。"

他很感激我,上大学的时候,遇到什么事情都愿意和我说。有时,他也会一个星期不给我打电话。我觉得无所谓，反正我也忙。

我们在家庭教育中，要让孩子学会适应这个社会。爸爸要教孩子如何向外拓展，如何在充满竞争的世界里获得一席之地；妈妈要教孩子如何自我保护，如何调节自己的情绪。

人际关系的核心——价值互换

我们需要给孩子提供衣食住行方面的支持和生命安全保障，这是父母为孩子提供的生存价值。但除了生存价值之外，人与人之间还要互换情绪价值。我们带孩子的时候，孩子在我们面前表演节目，我们很开心，这就是我们和孩子之间进行价值互换的过程。要知道，我们维持与孩子之间关系的原则就是价值互换。

索取价值——责怪、替代、忽视、担心、剥夺

一些人在家庭中一直是索取价值的人，他们做了父母，生了孩子以后，就会把孩子作为资源提供者，拼命索取。他们遇到难题的时候，就寄希望于自己的孩子，盼望孩子能变得很优秀，将来能帮自己解决很多困难。所以他们对孩子的未来非常担心，对孩子的期望也很高。越想向他人索取价值的人，对他人的期望就越高。

父母们可以问问自己到底在爱孩子，还是在忽视孩子。

比如，一个小女孩和她的妈妈在商场玩儿，妈妈对女孩的照顾无微不至。

女孩对妈妈说："妈妈我要吃冰激凌。"

妈妈说："好啊。"

女孩说："我要吃草莓冰激凌。"

妈妈说："你不是一直喜欢吃巧克力冰激凌吗？"

女孩摇着头说："妈妈，我要吃草莓冰激凌。"

妈妈坚持说："你喜欢巧克力冰激凌。"

最后，妈妈还是按照女孩原来的喜好，买了一支巧克力冰激凌。这个孩子会不会感谢她的妈妈呢？妈妈给女孩买了冰激凌，看似重视孩子的感受，可孩子拿到了冰激凌以后依然不高兴，因为这位妈妈忽视了孩子的真实需求。

许多父母都做过或遇到过类似的事情。孩子从学校回来，说，要看半个小时电视，有的父母的第一反应是什么？要先做作业，后看电视。但其实先看半个小时电视再做作业又有何不可呢？

提供价值——关注、陪伴、尊重、认同、帮助

我们需要知道自己如何看待孩子的价值，有没有承认过孩子存在的价值，有没有一直否定孩子的价值，这些是很重要的。

父母在孩子探索、尝试的过程中要给孩子鼓励。有些时候，孩子不愿意尝试、回避一些事情，是因为他们怕一旦做不好，会被父母指责。父母看到不尽如人意的结果，就会让孩子感到有压力、很难过，孩子会不想再尝试或者做事拖延。没有信心尝试和做事拖延

的背后都是对结果的恐惧。

我的一个孩子拔牙时有点害怕,我就想拔掉我的一颗经常发炎的智齿给他看。其实我也很害怕,但是在儿子面前,我不能认怂。没想到我做了一个坏榜样,我的那颗牙拔了3个小时,把他吓得一晃一晃的。后来,吃饭的时候,他问我:"老爸,疼不疼?"我说:"疼。"

我是一个真实的爸爸,所以他遇到什么事情也都愿意跟我说,因为他觉得我很真实。

很多父母说:"我要让孩子拥有一项他自己喜欢的技能。"这是很好的。不论是弹钢琴、登山还是其他技能,孩子学会了以后都会变得更自信一些,而且这些技能还能支撑孩子克服困难、缓解难过的情绪,让孩子体会到开心和满足。

父母可以带孩子参加一次户外运动。在比较恶劣的环境中,父母就会体会到孩子与父母是平等的,孩子也需要被尊重,拥有自己的权利。

你在家庭教育中的角色是什么

有些妈妈特别会撒娇,有时候会对儿子说:"儿子,妈妈好累啊,帮我把××拿过来。"这样的妈妈可能会培养出暖男,但也可能会让孩子未来的亲密关系出现一些问题。

在更多的时候，我们要注意自己在家庭教育中的角色是什么，千万不要扔掉自己的角色，也不要越位。家庭关系决定了孩子的能力和个性。一个人是否有完整的人格，是否有情绪障碍，都取决于他父母的职能是否完整。

我经常说，一位妈妈就是一个家庭的情绪发动机。妈妈的情绪什么样，一个家庭的情绪就什么样。受家庭气氛的影响，有些男人就要到家了，也不愿意回家，情愿在地下车库里待着。妈妈们感受到自己的情绪时，最好先控制、觉察自己。

爸爸一定要带孩子出去玩，给予孩子信心，在孩子玩的过程中教孩子更多的技能。不论孩子是男孩，还是女孩，有些技能最好由爸爸传授。我会带我的孩子进行户外运动，鼓励他们越过高山，他们每次完成挑战后都会变得更加自信。

此外，爸爸还要给孩子建立规则意识。妈妈也可以给孩子立规矩，但是许多妈妈容易心软，她们立的规矩经常被孩子打破，而且有时她们自己也无法遵守。我妈妈到现在也没办法遵守她立的规矩。我喜欢吃妈妈做的肉，每一次回家，她都会给我做很多肉，但是她又担心我身体不好，怕我胆固醇过高。有时她给我夹了一块肉以后，会说："就这么多了，不能再吃了，再吃对你身体不好。"可是过一会儿她还会说："再吃两块吧。"不大一会儿，一碗肉就可能全都被我吃掉了。

父母在给孩子立规矩的时候要注意，两个人的意见要统一，千万不要击垮对方在孩子心中的形象。一旦孩子看不起爸爸或妈妈，孩子会很困惑，爸爸或妈妈的职能也会缺失。

"赞扬"与"打压教育"是一体两面

不要定义孩子

很多父母认为定义孩子是父母的权利,在他们的眼中,孩子没有资格反抗他们。孩子就像白纸一样。越小的孩子越没有反抗父母的能力,一些家长便借此定义孩子。

认为自己拥有定义孩子的权利后,许多父母会有意无意地利用这种权利。他们认为"孩子是属于我的",经常定义孩子是好孩子还是坏孩子。

一个人在你们约会的时候遇到了些意外状况,迟到了,你却说:"你怎么是个爱迟到的人呢?"这就是在定义这个人。同样,孩子出现一个失误后,一些家长就会说:"你经常这样,你就是这样的人。"

我们都会犯错误,更何况出现失误呢。定义他人会让双方对立起来。

不就事论事,赞扬也是定义

说"你很棒"一类的话看似是在夸奖他人,实则是在下定义。每个人都需要得到认同,但关注过程,才能给予孩子真正的肯定和认同。

有些人说我从来不打压孩子,一直在赞扬孩子。可是,一些父母的赞扬恰恰会给孩子带来压力。不少父母会在孩子得高分时夸孩子,对孩子说:"你很聪明,你好棒啊。"但是,为什么要这样夸他们呢?如果孩子下次失误,这些父母还会这样夸孩子么?我们不会在孩子考 100 分、95 分、60 分时,都以相同的方式夸孩子,所以,夸奖是有条件的,这种夸奖不代表认同。

我的一个孩子以前上的是国际学校,后来他进入了一所公立学校上初中。那所学校是我们那里最好的中学,他在第一次考试中考了全校倒数第二。排名倒数第一的孩子请了 3 个月病假,所以他考倒数第一很正常。而我的孩子呢,初中学的知识体系和小学学的不同,而且那所学校里的孩子成绩都很好,所以我对他考试成绩不佳早有预料,知道他考倒数第二也很正常。

不过,听到他的成绩时,我还是受到了一些冲击,所以我做了很久的心理建设,考虑应该怎么跟他谈这件事。我猜到,他已经很沮丧了。果然,他跟我说:"老爸,我考得不好,我觉得我不想上学了,这种感觉太不好了,我有的时候听不懂老师讲的课。"

我安慰他说:"你考倒数第二很正常,考倒数第一都是很正常的。第一,你现在学的知识体系和以前学的完全不同,他们以前学的教材你根本没接触过;第二,你的同学们也都是很优秀的学生;第三,你的英语考得很不错。我知道你很用心地学习了,你只是还没开窍,和爸爸一样,学东西的时候开窍得比较慢。我两岁半才开始会说话,你奶奶一直觉得我可能学不会说话了,但是我现在可以做讲师啊,这是我们家的传统。"

他听了以后不置可否,但最起码我没有责怪他、打压他,而是帮他调节了情绪,做了心理建设。我接着对他说:"如果你的老师因此批评你,你就对老师说:这些知识我没有学过,所以还不懂,但是我会学懂的。"

第二天,他像考了全校第二名一样自信地去上学了。到了初二、初三的时候,他的成绩就稳定下来,排名比较靠前了,因为他真的很努力。

努力考到60分的孩子也值得夸奖。认可孩子付出的努力,才是对孩子真正的认同。我们不要总夸奖孩子"你很棒""你很聪明",好像是否聪明受遗传基因的影响,这样夸奖孩子的家长更像在夸奖自己。我们要说出来孩子棒在哪里,好在哪里,不要说不出所以然,就对孩子进行所谓的夸赞式教育。时间久了,孩子也会觉得我们很虚伪。

如果某位来访者见我第一面就说"你是最棒的心理咨询师",那么我一定会小心这个人。经常被莫名赞扬的人,会无法面对自己的失误。

打压孩子是为了满足自己的权利欲望

一些父母常对孩子说"你怎么不能像××一样好"或者"你原先还好好的,现在怎么不好了",说这些话就是在比较。我们都不想被比较,那么我们在教育孩子的过程中,为什么要拿孩子与他人比较,拿孩子的现在和以前比较呢?

一些父母认为自己在家庭关系中拥有绝对权威,总给身边的人贴标签,这种做法其实是为了满足他们自己的权利欲望,他们想借此稳固自己在家庭中的地位。

我经常说，管不好自己事情的人，特别喜欢管别人。常常判定其他人是坏人还是好人的人，总表现得像世界上唯一可以评判所有人和事的人一样。父母是否一直觉得，因为自己是父母，所以拥有更多的权利呢？其实我们和孩子是对等的。

不要在孩子的身上获取优越感。让孩子看到真实的自己，理解、鼓励孩子。

我的小儿子豆子小的时候一直盼望自己能长到1.2米，为什么要长到1.2米呢？因为游乐场里很多设施上标注身高达到1.2米才可以玩。长到一米二以后呢，他又特别盼望自己长到1.4米，因为他想玩"大摆锤"，这个项目要求身高达到1.4米才可以玩。有一天他一量自己的身高，达到1.4米了，就很高兴地要求去游乐场，要玩"大摆锤"。他坐在"大摆锤"上被吓哭了，下来的时候很害羞。我就对他说："老爸第一次坐的时候，也被吓哭了，没关系。"这样说，他就不会觉得自己做错了事情。

自嗨或过度负责的教育会弱化孩子

一些自嗨、过度负责的父母非常喜欢弱化孩子的价值，以此来感受自我价值。

我问过很多父母："你为什么要陪孩子做作业呢？"一位妈妈告

附录二
关系优于教育

诉我:"他做作业很慢啊,别人用一个小时就能做完的作业,他用三个小时都做不完。"我问她:"就是因为你陪着他,他才需要用三个小时做完作业,你知道吗?"我建议她告诉孩子:"妈妈要做自己的事情,你要自己完成作业。"这位妈妈怕孩子完不成当天的作业,但我建议这位妈妈试一次。

后来这位妈妈告诉我,她不陪孩子做作业了,孩子做作业的速度果然快了一些。

父母长期陪孩子写作业会导致孩子学不会独立学习,不懂规划时间,甚至失去管理自己的事情的能力。

安全的关系帮助孩子发展自己

我很认可我的孩子们,至少他们成为他们自己了。我没有过多地关注他们的学习成绩,但我非常在意和他们之间的关系。相对来说,在安全的关系中成长起来的孩子不会差。因为在安全的关系中,孩子才能安心学习、发展自己。

试想一下,如果在开会前发现自己买的股票大跌,你还能安心地开会吗?你会不会一直惦记股票怎么样了,能不能抛呢?孩子也如此,如果他在与你的关系中感觉到不安、很有压力,他就无法很好地发展自己。

有一个孩子经常头疼，但父母带他去医院检查时，发现没什么问题。在做家庭访谈的过程中，孩子说了实话。他说，父母的关系不好，只有他头疼的时候，父母才关心他，其他时候父母都不怎么管他。他通过牺牲自己的方式，为家庭提供价值。

我们要提供给孩子的是安全的、能滋养他们的关系，而不是威胁他们、不断向他们索取的关系。这个世界上别人都不欺负他们，父母却时常欺负他们，他们会宁愿相信别人，也不相信父母。

尊重与分享

父母对孩子的责任是终生的，但父母和孩子也要做到互不侵入。在孩子放学回家后，我会问他们三个问题。

第一个问题：今天过得怎么样啊？

通常他们会说，还可以。

第二个问题：有什么想和我分享的吗？

他们可能会说，"××又跟××打架了""××又被老师骂了"或者"我今天又被老师批评了"。

第三个问题：有什么需要我做的吗？

如果他们说没有，我就会说："那好，我去忙了，你们该做什么做什么吧。"我不会总盯着他们。

任何关系都是相互的。两个人的手要想拉在一起，一个人抓得松了一点，另一个人就要抓紧一点，两个人都要做出调整。力度刚好，双方都会感觉到温暖；力度过大，双方就会感到痛苦。关系就是这样的，要么互相牵累，要么互相支持；要么互相滋养，要么互相消耗。

如果你觉得你的孩子没什么朋友，整天无精打采，对什么东西都热情不高，那就说明你和他的关系出现了一些问题。

听话、乖巧的孩子对应什么样的父母

一个孩子如果什么都愿意跟父母说，喜欢表达自己的意愿，不介意表达跟父母的想法不一样的观点，就说明他在做自己。

一些孩子为什么会胆小、怯懦？他们为什么总不敢尝试？因为他们经常被否定。当他们没有满足父母对他们的期待时，父母就会否定他们。

小孩都有一些顽皮。我曾经在电梯里看到一个孩子按了好几个楼层的电梯按钮。他的妈妈说："你再这样子，妈妈不要你了哦。"孩子立刻就不再按了，但他心里感受到了威胁。

我们给孩子建立规则的时候要注意方式和尺度，重要的是，要告诉孩子，他们做一件事情的后果是什么。对于我的孩子，他们只要不违背我和他们约定好的原则，他们的事情都可以自己决定。

如今，一部分人为了不让孩子输在起跑线上，让孩子上各种补习班。孩子不补课，好像就无法进入很好的学校。许多人都这样做，所以我的大儿子也补过课。但我慢慢发现，孩子最好的帮手，其实就是他们学校里的老师。我的小儿子没有上过一天补习班，哪怕他考倒数第二名，我也跟他说："在学习上，最能帮助你的人就是你的老师，他们能帮助你成为你想成为的人。所以，有问题的时候，你应该多去问他们。"他把老师们看成他的合作对象，让老师们帮助他成就自己，他也在努力成就他的老师们。

人与人之间最好的关系就是相互成全的关系。我经常说，我们不仅仅是在做一些事情，更是在成全更多的人。而过于听话、乖巧的孩子可能只会顺从，无法与他人合作，相互成全。

如何重新定义关系

自我接纳

你认可自己的生活、生命吗？你对自己的理想、愿望、追求，对自己在家庭中、社会上的地位满意吗？你能感受到存在感、价值感吗？

如果你的答案是肯定的，那么你的孩子就是幸运的；如果你的答案是否定的，那么你的孩子真的很不幸。

因为一些客观因素，我的父亲总觉得他的生活中有很多不如意的地方，这就导致他将所有希望都放在我身上，包括他自己的愿望、家族的愿望,所以,以前我的压力一直很大。

后来,在自我接纳之后,我对自己孩子的期望就很简单了。我认为只要他们成为他们自己就可以了。事实证明,我的孩子也不错。能否自我接纳决定了我们在关系中能否支持他人。不能自我接纳的人会对他人很苛刻。

尊重他人

孩子考了再差的成绩,也应该得到父母的尊重。一些父母的脑海里有一个完美的孩子,当现实中的孩子没有学习,在玩游戏的时候,他们会很愤怒。接受真实的孩子,就是一种尊重。如果孩子沉迷于玩游戏,父母就可以通过和孩子交流,察觉一下自己和孩子之间的关系是否出现了问题,孩子是否在逃避家庭关系或者是否在外面遇到了困难。我们在发现问题的时候,要先关心孩子,而不是先指责孩子。面对指责,有的孩子会越躲越远,甚至想逃离亲子关系。

相互贡献

我们不仅要多为孩子贡献价值,也要接受孩子为我们贡献的价值。我们在上幼儿园的时候就学过,当有人帮助我们时,我们要说"谢谢",肯定别人对我们的贡献。

孩子工作了,领了第一个月的工资给爸爸买了一件很贵的衣服,爸爸不需要说"这个太贵了";丈夫给妻子买了一份礼物,妻子不要说"太丑啦"或者"颜色不好看"。更多的时候,我们要接受他人对我们的贡献,因为这样,他人才更愿意做出贡献。

我想让父母们了解关系心理学、了解如何与孩子更好地相处,就是因为我希望为父母们做出贡献。

我经常说的合作式的育儿,不仅仅指跟家长合作,也指跟孩子合作。肯定孩子做出的贡献会让孩子更自信。阿德勒提出过一个共同体的概念。如果我们能与他人合作,发挥各自的价值,那么我们与他人的关系一定是相互滋养的。孩子们会感激能与他们合作的父母。孩子说"妈妈,我想静静"时,妈妈不要拼命敲孩子房间的门,给孩子空间,也是让孩子为你们的关系提供价值。

家庭教育的功能——社会化

尊重社会的发展规律,具备适应社会的能力,孩子才能够社会化。

很多孩子上了大学以后,打电话问妈妈:"为什么我睡觉的时候,同学还在吵?"孩子在家里的时候,只要他睡觉,所有人就都会保持安静。但是同学不是父母,他在家里时没有接触到真实的世界。如果孩子在家里时,父母就在他睡觉前说,"你睡吧,我们再看一会儿电视",给孩子创造一个真实的世界,是不是更好呢?

社会一直在发展,孩子终要走出家庭。父母不让孩子认识世界、认识社会,束缚孩子的脚步,那么父母有多少,孩子就只能获得多少。

附录二
关系优于教育

一般情况下，父母的格局有多大，孩子的格局就有多大。父母如果觉得自己的格局不够大，希望孩子的格局更大一些，就要学会放手。

以前很多人信奉"在家靠父母，出门靠朋友"。抱有这些信念的人与他人建立的关系就可能是依附式的关系。社会发展了，我们的家庭教育观念是不是需要改一下？

让孩子去看外面的世界，就是家庭教育的功能之一。家庭教育的功能不是培养乖巧、听话的孩子，而是培养能够适应社会、尊重规律的人，对社会有贡献的人，对他人有贡献的人。这难道不是大多数父母的心愿吗？我们说一个孩子是否优秀，不就是以此为标准的吗？

孩子最好不仅能自食其力，还能对他人有贡献。为什么有人能获得诺贝尔奖？因为他们为全人类做出了贡献。如果你正在将你的孩子培养为对他人有贡献的人，那么恭喜你，你对孩子的教育符合家庭教育功能的要求。

爸爸也应该为家庭教育做出贡献

我们都在无意识中不断重复家庭关系模式，这种关系模式一直很稳定，哪怕我们的家庭关系是不健康的，这种模式也依然稳定。假如我们的家庭能发生一些改变，那么每一个家庭成员都会成为受益者。我们投入家庭，为家庭做出贡献，家庭也会给我们回报。

好妈妈会让孩子学会调节情绪。情商高的表现不是"见人说人话,见鬼说鬼话",而是会控制自己的情绪,懂得如何与他人建立滋养彼此的关系。为什么我们一见到某个人就觉得很舒服,就很想跟他交往,跟他合作,跟他建立更亲密的关系?很可能因为这个人情商比较高。

好爸爸会让孩子成为对社会有用的人。那么什么样的爸爸是好爸爸呢?

第一,有力量。这种力量不是跟别人打架的力量,而是让孩子成为自信的、不依附于他人的人的力量。有力量的人不会抱怨、消耗家庭资源,而会在任何条件下都贡献出自己的价值。

第二,有担当。我认为一个有担当的人才称得上是一个成年人,因为有担当的人才能自我负责。

第三,保持忠诚。要能忠诚于家庭、事业伙伴、自己的承诺。如果爸爸能教会孩子忠诚,那么孩子也不会成为爱撒谎的人。

第四,传承品格。一些优良的品格,能为我们带来自我成就感。我们都是需要成就感的,获得一个奖杯或者完成一次徒步旅行,都会让我们获得成就感。但获得成就感需要有坚定的意志和努力拼搏的精神。我父亲76岁,每天依然工作12个小时,风雨无阻。

在一个家庭里,父亲和母亲承担各自的职能,相辅相成,孩子才能形成完整的人格。孩子的健康成长不仅需要家长的"言传",更需要家长以滋养心灵的关系"身教"。让孩子在和谐的关系模式中学会与他人相处,融入社会、坚持独立是家庭关系应该帮助孩子完成的命题。